城市形象设计
——以艺术视角介入城市设计

王 豪 著

中国建筑工业出版社

图书在版编目（CIP）数据

城市形象设计：以艺术视角介入城市设计／王豪著. —北京：
中国建筑工业出版社，2019.7（2024.8重印）
ISBN 978-7-112-23906-1

Ⅰ. ①城… Ⅱ. ①王… Ⅲ. ①城市规划—建筑设计—研究—中
国 Ⅳ. ①TU984.2

中国版本图书馆CIP数据核字（2019）第129401号

　　本书基于如何提升城市的环境质量形成更加宜居的城市空间，从一个
崭新的角度介入到城市环境更新建设中来，发挥作者在建筑与城市文化研
究方面的自身优势，运用艺术审美原理以及环境艺术设计原则寻找城市环
境改造的一个新的突破口。

　　本书适于城市设计及相关专业师生和从业人员参考阅读。

责任编辑：杨　晓
文字编辑：孙　硕
责任校对：张惠雯

城市形象设计——以艺术视角介入城市设计
王豪　著

*

中国建筑工业出版社出版、发行（北京海淀三里河路9号）

各地新华书店、建筑书店经销

北京锋尚制版有限公司制版

建工社（河北）印刷有限公司印刷

*

开本：880×1230毫米　1/32　印张：5　字数：169千字
2019年7月第一版　2024年8月第二次印刷

定价：**58.00**元

ISBN 978 - 7 - 112 - 23906 - 1

　　　（34202）

城市形象研究的缘起

　　城市是人类赖以生存的重要场所，传达着人们的物质、文化以及生活水平等诸多方面的信息，它是社会物质环境和精神环境的统一体。城市如同它所涵盖的丰富内容一样，其构成是极其复杂的，大大超出了我们目前所能掌握的学科领域。近几年来，城市课题的研究受到了国内人士的广泛关注，这在很大程度上基于中国城市化进程的不断加速，使得城市在自我完善的基础上，不得不在区域规模拓展和城市现代化建设方面寻求新的发展。面对城市中如此复杂的问题，我们逐渐认识到，多学科、不同领域研究的结合和互补将会起到重要的作用。城市形象设计的探究正是在这一背景下提出的，其着眼点在于：对城市空间中的可感知的物质形态进行分析和研究，从多学科角度探寻城市形象设计的理论和方法。

　　当今，城市形象的设计作为城市建设中必不可少的重要环节，已为人们所普遍接受。对现代城市形态进行系统的研究在西方于19世纪末至20世纪初已经开始，然而在我国尚处在启蒙阶段。城市形象设计是以城市为研究对象，以协调处理和合理安排城市中为人们所能认知的各形态要素为基础，创建适宜人类居住的城市环境的设计。作为一个研究城市中感知形象的设计门类，在当前的环境下应该与西方传统的城市形态研究有所不同：须将单一的形态研究逐渐转向城市形象建构的多学科思考。

　　基于国内城市建设的发展，城市形象的研究主要针对两个问题提出：

一、城市形象的趋同现象问题

　　正如我们所能觉察到的，目前的国内城市在经历着一番疾速扩张和大规模建设的过程中，引发了大量的问题：诸如城市由于规模过大带来的人口压力和交通拥堵，以及盲目地拆毁历史建筑建设现代标准化住宅，导致大部分城市的形象趋同。而形象趋同问题在人们逐渐意识到提升城市的环境品质和品牌形象上，成了关注的焦点。与此同时，城市形象趋同现象也存在着某种必然性。互联网等科学技术的发展使国内城市面临着国际化浪潮的极大冲击，在拉近了我们与世界距离的同时，也必然将西方的城市标准和形象特征引入我们对于城市的诠释中——这是无法回避的事实。那么，如何在新形势下提高城市的品质和质量，使传统城市形态得到传承和发展，这也成了摆在目前设计工作者面前的新课题。对城市历史人文的挖掘和保护以及城市个性化形象的打造，当前成了解决这一问题的关键。为避免城市形象的趋同，展现城市的不同文化特征，这就要求我们对于城市形象的设计进行深入的学习和研究，力求找到适合城市发展的形象设计原则，丰富及完善关于城市问题的研究门类。

二、城市形象的现代化标准问题

何为现代化城市？它的标准又是什么？在城市形象的体现上，现在往往存在着这样的误区：普遍将西方现代主义的城市形态作为现代化城市的标准。规整宽阔的道路、玻璃幕墙"方盒子"建筑、空旷的广场与大面积草坪，这被认为是城市赖以发展和与国际接轨不可或缺的重要条件。但是，让我们反观一下西方的现代化城市便可觉察到，所谓代表着现代化极高水平的城市，常常是丰富多样、历史与现代并置，甚至是有些更为偏重传统文脉的继承与延续。这就使我们对现有的基于工业化发展的现代化标准产生了质疑，是否仍是在重蹈西方现代主义的覆辙？从城市形象的角度，我们也不难看出，现代主义的强调功能性探索与当代社会的多元化特征已不相协调，有必要提出更为有效的、多样统一的城市形象设计研究课题。

基于以上社会背景，城市形象设计作为一项研究城市问题的重要课题，在目前，尤其在当代的中国，是更为必要和迫切的。如何在艺术类院校开展城市设计课程一直以来是笔者主要思考的问题。如何结合艺术类学生的特点开展城市形象设计课程研究，发挥其在视觉以及艺术原则上的主观能动性也是本书编写的主要立足点。早在19世纪末就有学者卡米诺·西特（Camillo Sitte）从城市形态的角度提出了"城市建设艺术"（The Art of Building Cities）的理论，主张在城市设计中不仅要追求功能合理，还要遵循艺术原则。他从一个建筑师的角度对于古典城市的具体形态特征做了较为全面的剖析，这种城市形态秩序的建立，在很大程度上为早期成功的现代城市形象建构起了积极的作用。现在再来复述他的这些仅从形态角度分析城市形象的观点未免有些过时，但是城市形象建设仍然不单单是一个技术和方法问题，而更多地表现为一件巨型的艺术作品。

如何在兼顾使用者内在需求的基础上，建立多元文化相融合的现代城市形象特征，从而引领城市在面对国际化趋势下摆脱形象趋同现象，也是我们需要从城市形象的角度作进一步探究的。本书在系统地介绍城市形象设计的理论及相关概念的同时，将重点放在如何建立城市所独有的视觉形象问题上。从这个角度出发，力求找寻在城市建设和城市研究方面独特的发展道路。因此，本书作为探寻城市视觉形象建构的研究专著，在国内艺术类院校还尚属首次，并为城市设计课程的开发拓展了新的研究方向。

仍需指出的是，城市形象设计不仅要求我们掌握一定的设计方法和设计理论，对本民族所具有的强烈责任感和高度的历史使命感也将成为城市形象设计成败的关键。作为城市形象设计的研究专著，建立正确的城市形象思维方式，将会为我们今后的独立思考打下坚实的基础，为拓展新的、更为全面的城市设计方法提供理论基石。

目录

序言
城市形象研究的缘起

第一章
城市形象设计概论   **001**
一、城市形象的内涵与外延   002
二、城市形象的构成要素   008
三、现代城市形象设计的理论演变   022

第二章
城市形象设计的文化属性   **039**
一、城市与文化   040
二、城市形象要素的文化特征   046

第三章
城市形象设计的美学原则   **058**
一、城市形象艺术   059
二、城市形象的美感建构   064
三、审美心理与城市形象设计   072

第四章
城市形象的空间秩序创建   **078**
一、城市形象设计的视觉秩序原则   079
二、视觉秩序的理性建构   083
三、视觉秩序的感性认知   087

第五章
城市形象设计的地域性特征 **091**

一、城市形象的地域性表现 092

二、地域主义与城市形象设计 097

第六章
现代城市形象设计的程序 **102**

一、现状调查 103

二、策划预研 107

三、设计思想 112

四、编制文本 116

第七章
现代城市形象设计的主题 **120**

一、文化城市 121

二、人本设计 125

三、可持续发展 128

四、和谐设计 132

五、城市建设艺术 136

第八章
未来城市形象设计展望
——三个案例设计的启示 **140**

一、城市形象的多元建构 141

二、设计引导城市 144

三、传承与创新 148

后记 **152**

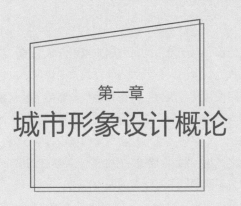

第一章
城市形象设计概论

从完整意义上来看，城市是地理中枢，是经济组织，是制度过程，是社会活动的舞台——是聚集统一体的美学符号。一方面它是普通家庭和经济活动的物质框架，另一方面它是更重要的活动和人类文化更高层次需要的展示环境。

——刘易斯·芒福德

一、城市形象的内涵与外延

　　当前，对于城市的研究越来越引起人们的广泛关注，城市问题已经成为21世纪人类发展所面临的重要课题。在这一背景下，以研究城市的性质、规模、类型和地理分布为主要对象的城市地理学，以调查城市的人口、工商业、交通运输、居民生活以及文教卫生等为基础，重点研究城市社会现象的城市社会学等关于城市问题的学科随之产生。"如何建造一个适合人类居住的城市？"这个问题引发了来自不同领域专家学者的深入讨论。

　　城市可以定义为："一个相对永久性的、高度组织起来的人口集中的地方，比城镇和村庄规模大，也更为重要。"[1] 城市的特点在于，人口密集且规模巨大。它往往是政治和经济的中心，反映着人类的生产力水平。同时，城市又是随着时间的变化在不断改变，与一定历史时期的某种特定现象相吻合。面对如此庞杂又不断变化的城市现象和城市问题，要想从单一角度来解决上面所提出的问题，都是极其片面的。这就必然要求多种学科进行密切结合，对城市展开多角度的研究。城市形象设计正是基于以上的要求，从人类感知和视觉形态角度对城市进行研究的一个崭新视角。它从人类直接的感知经验出发，从美学的角度建构城市形象的艺术原则。从这个角度来看，城市形象设计拓展了城市问题的研究领域。在对城市功能的合理性进行过一番探究之后，我们发现，符合一切科学数据要求建立起来的城市，在其外部特征方面不总是表现得很突出。"功能与形象兼顾"常常只是作为一句口号提出，而未能达到真正令人满意的效果。城市形象设计恰恰是从相反的角度提出研究的策略。建构美好的城市形象，能否仍然具有合理性和可操作性？从这一问题出发，便会将关注的重点放到城市表象特征的研究和外部形象特色的建立上。城市形象设计的优势在于：使进入城市的人能够

图1
格拉斯哥城市中心鸟瞰，当我们从更为广阔的视角来审视城市，跳出局部繁杂的细节，城市中构成外部形象的各元素便清晰地显现出来
(City Centre of Glasgow, Scotland From Above. Colin Baxter Photography Ltd. 2005.30)

直观地、深刻地感受到某种特定的城市形态特征。这比起仅从功能角度解决城市问题，更加适合于人们观察和记住某个城市。因为形象特征是最容易被感知的，同时也是城市美的直接来源（图1）。

"形象"一词可理解为事物的"形状相貌"，在文学艺术作品中常常是用来指"文学艺术区别于科学的一种反映现实的特殊手段"。[2] 它是依据人类现实生活的各种现象加以选择和综合，所人为创造出来的"具有一定思想内容和审美意义的、具体生动的"对象。"形象"又可与英文Image相对应，是指"一个人或具体事物的实体形象"。[3] 因此，"形象"一词有着双重的内涵，它既包括视觉可感知的事物表象形式和实体形状；同时在艺术作品中的形象还具有极强的主观处理特点。我们可以看到艺术家在表现同一物体时所呈现出迥然不同的表现形式，究其原因，正是在于艺术创作对客观形象进行主观处理的结果。"形象"既代表了事物本身的面貌，又传达出特定的思想意蕴，

图2
日本山下公园，大型的开放式公园成为城市中重要的休闲空间
(Haruto Kobayashi. Contemporary Landscapes in The World. Process Architecture Co., Ltd., 1990.69)

它是物质形态和某种精神内涵的统一。两者相辅相成，构成了可感知的形象特征。

　　由此可见，城市形象设计一方面是对城市中客观存在的事物和人为建造的物质形态进行合理处理和协调安排；另一方面，将城市形象作为艺术作品来看待，它又具有利用主观创造表达某种思想内涵的目的。而后者在设计中往往被忽视，仅依赖于科学分析得出的城市形象，是导致当前城市面貌趋同现象的重要原因之一（图2）。城市形象设计不仅要求通过功能合理的布局提高居民的生活品质，还需要满足人们特定的审美需求和情感表达。它既是科学的、和谐的设计，又是具有深层精神体验和赋有艺术美感的设计。设计中两者的统一常常是必需的：在解决城市基本功能问题的基础上，追求一种更深层次的思想内涵和美学感知经验，使城市在科学发展的进程中，继承和拓展传统的文脉特征和艺术特色。

城市形象是城市的物质文化和精神文化的表象反映，其研究的内容相当广泛，包括了一切城市复杂的表象特征和透过其表象渗透出的深层内涵（图3）。面对城市化[4]进程的不断加速，要想拉近与发达国家高达70%至80%的城市化水平[5]（即城镇人口占总人口的百分比），我们在不断地扩大城市规模和促进村镇向城市转变的过程中，不得不寻求新的建设模式和建筑样式。与此同时，城市中普遍存在的旧城部分，也日益成为人们保护和更新的对象。是固守还是创新？是保护还是改造？新建区域与原有旧城的联系又是什么？这些问题亟待得到专家学者的进一步研究。从城市形象设计的角度，我们可以针对这些问题提出关于城市形象建构的解决方案。如何将城市的传统文化符号进行传承和更新，如何使新城和旧城从视觉形象和精神内涵上产生内在的联系，如何使城市建立鲜明的地域特色。从某种程度上来说，城市形象设计可以为我国目前大规模更新改造的城市提供外部形象研究的策略。其根本目的在于：为正处在高速发展中的城市建立一个多样有序、和谐的城市环境形态，在寻求现代城市标准的同时，使传统文脉特征得以延续和发展。当然，对城市形象的改造和创新并不能完全解决如此庞杂的城市环境问题，还需要经济学、社会学、地理学等多学科的配合，为城市建设提供更为有效的解决方案。城市形象设计作为这些学科的一个补充，更有利于从视觉感知的角度来研究城市及其形象建构的诸多问题，使城市进一步朝向和谐和有序的方向迈进（图4）。其关注点主要表现在：

（1）利用城市形象元素及其组合关系的历史与现状研究，可建立城市独特的外部形象特征，展现地域风貌和城市的个性魅力；

（2）基于城市传统符号语言的继承和发展，使新建区域取得与城市文脉的和谐统一；

（3）在不同的区域为城市建立一套视觉秩序原则，创造多样有序的城市环境。

我们要看到，任何城市在其形象设计方面都不可能完全抛开长期以来形成的各种文化特征。所以在研究城市形象设计课题时，不能孤立地来面对一个地块或一个区域，它必然与整个城市乃至整个民族有着紧密的联系。

综上所述，我们可以将城市形象设计的定义归纳为：

从狭义上讲，城市形象设计是对城市中各种可感知的形态元素以及它们排

图3
巴黎蓬皮杜艺术中心区域，现代建筑与传统街区共同构成了现代城市的形象特征
(Cameron. Above Paris. Cameron and Company)

图4
伦敦中心城区的现代建筑不断充实着原有城市肌理，使城市呈现出多元化的特征
（王豪　摄）

列组合而成的不同城市表象特征所做的艺术处理和合理安排。主要包含了两个层面的设计内容：一个是城市形象的艺术层面。设计者需将城市形象作为一个整体的造型艺术作品来考虑，它所涵盖的内容不仅包括对形态元素所做出的功能性合理布局，还应对城市的艺术形象特征做全面的思考，从美学的角度提出城市形象的艺术审美要求；另一个是城市形象的合理性层面。在设计中将合理性原则作为创作的主要出发点，在解决城市问题中常常居于主导地位。而对于城市形象的设计应该表现为一种平衡，即在符合城市艺术审美原则的同时，兼顾功能布局的合理性法则。城市形象设计既存在着功能技术问题，也存在着艺术美学问题。它是艺术与技术的统一体，在设计中两个方面缺一不可。

　　从广义上讲，城市形象设计包含一切可为人们所感知、有形或无形的城市特征的构思与谋划。一方面，城市形象设计要对城市的物质形态类型进行综合分析和思考，在继承传统城市形态的同时，提出适合现代生活需求的城市形象体系；另一方面，在形象设计诸要素的组合中还体现了城市的某种精神内涵。它是城市深层文化特质的外部形象展现，对文化传承产生重要的影响。

注释：

[1] 引自《简明不列颠百科全书》[2]，第271页。

[2] 引自《辞海》，第1862页。

[3] 引自《大美百科全书》[14]，第463页。

[4] 引自《城市规划基本术语标准》第2页，中国建筑工业出版社，1998年。城市化 [urbanization] 是指人类生产和生活方式由乡村型向城市型转化的历史过程，表现为乡村人口向城市人口转化以及城市不断发展和完善的过程。又称城镇化、都市化。

[5] 同 [4]。城市化水平 [urbanization level] 是衡量城市化发展程度的数量指标，一般用一定地域内城市人口占总人口的比例来表示。

二、城市形象的构成要素

　　城市形象是一个较为复杂的概念，其内容涵盖了一切为外界所感知的城市外部形态特征以及特定的内在文化意蕴。我们对城市形象内在的文化特征将在第二章进行阐述，在此主要对城市空间的形态构成要素作一个简要的介绍。

　　城市形象外部特征的构成主要包括了七种可辨析的要素组合，其中包括：城市建筑、道路、标志物、节点、城市边界、各种空间的组织形式以及人的活动。[1] 这些要素相互联系、相互制约，构成了城市文化可为外界感知的主要特征。不同时代和不同城市其形象构成要素之间或多或少地存在着某种特定的差异性，即使在同一个城市中也不例外。就拿西班牙巴塞罗那来说，在旧城区与新城之间，不论是在城市建筑的相互关系，以及街道的尺度与空间的组织形式方面都存在着巨大的差别。这种差别同样反映在大多数曾经有着光辉的古典城市建设历史的城市中，也是城市文化得以延续的重要保证。如果没有这种不同历史阶段城市形象的并置、对比或融合，城市便割断了自身的历史文脉，像断了线的风筝，找不到文化的归宿感。这一点反映在现代城市中显得尤为重要，如何在不切断历史的同时，适应现在并且积极地面向不断变化的未来，体现出城市丰富多样的现代性特征。对这种对比与融合的把握程度，甚至成了决定一个城市发展得好与坏的关键。这种城市文化特征和历史以及现代风貌的体现，离不开城市形象构成要素所传达出的"具象"的形态特征和"抽象"的文化内涵。

　　城市形象的构成要素包括：

1. 城市建筑

　　建筑是构成城市空间不可或缺的首要因素，建筑比城市出现得更早也更为人们所熟悉。[2] 在谈论某个城市的时候，往往建筑的形式和特点成为人们感知这个城市的最初印象。这是因为建筑形式比空间和其他元素更为具体和易识别。城市建筑远比乡村农舍要密集和多样得多，所能传达出的文化意义也是人们能够强烈感受到的。其样式的差别既反映了不同历史时期的文化特征和艺术审美特征，也传达着本土文化与外来文化的交融所构成的差异性表现（图5）。与此同时，城市建筑的组合关系也表现出特有的地域性特征以及美学特征，是城市文化的重要外部形象表现要素。以古代的紫禁城为例，建筑的组合以轴线对称为布局形式，在对称中求变化，象征着封建帝王权威的至高无上，给人印象深刻。这与同样代表着西方君权的城堡建筑群相比，有着显著不同。前者更注意在对称以及序列展开的建筑布局中，体现出严格的等级差别，反映了有着悠久历史文化的中华民族的雄伟气魄。此种在建筑形式以及组合方式的差异也映射着东西方传统观念和生活方式上的巨大差别。

同时，城市建筑与一定历史时期某个民族的艺术审美取向密不可分。"城市建筑艺术"[3] 作为城市形象的重要组成部分，是城市美在艺术形象上的集中反映。它包括了建筑群体以及建筑群所围合的各类空间形态在城市中的艺术处理。不仅涵盖建筑单体的造型美，还包括了建筑群体组合所构成的空间艺术以及对整个城市艺术特征的影响（图6）。城市建筑艺术的打造以美学原则为指导，突出地体现在群组建筑布局以及单体风格样式上。这种艺术特征主要表现在四个方面：

图5
巴黎新区的现代建筑组群
（王豪　摄）

图6
位于伦敦泰晤士河沿岸的新
建筑
（王豪　摄）

（1）城市建筑总体布局艺术

是在满足城市功能和充分利用自然条件的基础上，城市在总体布局上所反映出的艺术构思。我们所能看到的北京老城区以中轴线对称的布局形式，即体现出了超凡的艺术价值。

（2）建筑组合的轴线布局艺术

建筑群组织在一条或几条轴线上，有助于建立一个有序的建筑组合的整体。建筑轴线是形成建筑布局的重要手段，将一条或几条轴线进行有主次的、序列的组织和变化，并在其中穿插不同形式、高度的建筑物。这种轴线的布局形式本身也体现出了卓越的艺术水准。

（3）单体建筑形态的艺术处理

将单体建筑视为建筑组合整体中的一个部分，在统一中求变化，单体建筑的艺术形象也会影响到城市的形象特征。某一地块的建筑风格往往会受到单体建筑艺术风格的影响，并将其符号特征不断地扩展至整个区域。例如，巴黎在新艺术运动时期形成的设计手法和细部特征，在今天仍然成为城市中重要的形象元素。

（4）不同区域的建筑艺术

城市中不同区域的建筑又会展现出不同的艺术形式。在兼顾城市总体艺术特征的同时，寻求不同特色的区域建筑艺术风格，可以丰富城市的总体风貌，建立多元统一的城市建筑群落。

对于城市建筑来说，这四个方面相辅相成，构成了完整的城市建筑艺术风貌。

2. 道路

　　道路，是构成城市的线性要素，起到连接各个区域和承担交通运输等作用。不同历史时期的城市道路有着不同的形式。早期的欧洲城市例如意大利，在街道与建筑的关系方面显得尤为密切。以建筑表皮为界限，向内围合的空间构成建筑内部使用的空间，建筑的外部组合所形成的不规则空间，即是街道。室内空间与室外街道仅一墙之隔（图7）。正如芦原义信所提出的，将意大利传统城市的建筑与街道形式在平面图上进行互换，从视觉来看也是成立的。从意大利街道地图上可以看出，"建筑未占据的剩余空间即成为道路。"[4]这体现出了早期城市建筑与道路的和谐关系。然而现代城市的道路形式则有着显著的区别，其特征是以严格的几何形式布局来设计。究其原因，主要是出于解决日益严峻的交通运输压力，而使道路尺度越来越宽，越来越规整，与传统城市的路网产生了严重的冲突，这也是造成不断拆除原有旧城肌理，致使传统文化遗存毁于一旦的主要原因之一。西特对传统街道与现代道路形式的区别作了直观的描述，"古代城市至今仍具有紧凑感和封闭感的连续不断的道路线的历史发展。现代规划具有将任何事物分为断片的相反倾向：住宅的方块块，广场的方块块，公园的方块块，而这些方块块总是以街道为界。"[5]这种先将几何路网建好，再来对分隔好的规则几何形地块进行建造的现代城市建设过程，往往造成了城市建筑与街道的脱离（图8）。道路只是从交通运输的功能出发，而

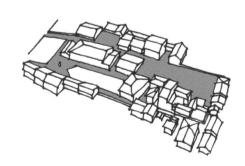

图7
传统城市中道路系统与建筑形态以及广场空间的
有机融合
（王豪 绘）

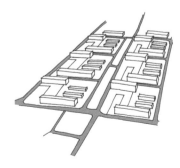

图8
现代城市中几何化的网状道路系统使得地块
划分与建筑布局过于僵化
（王豪 绘）

丧失了其他功能，未能与整个地块和居民活动结合为一体。这与传统城市街巷丰富的人文景象形成了鲜明的对照，现代城市道路成了充斥着大量汽车尾气、冰冷僵化的、居民不愿驻足的通过性空间。

如何在现代城市中赋予道路更为人性化、多样化的功能特征，将人们的活动更多地引向室外的街道，使道路具有典型特色和可识别性，这也成为城市形象设计中所应关注的主要问题。雅各布斯对大城市的道路系统曾提出过积极批评：她认为应提高城市道路的多样性以适合现代城市生活，[6]并主张利用控制道路长度、建筑样式的多样性以及不同时间不同功能设施的配合，从而使道路逐渐成为人流频繁的室外活动场所。这在很大程度上为恢复城市街道活力起到了积极的作用。林奇在城市道路系统的思考中，也曾经从完善城市道路形象的角度提出了六个解决方案：[7]

（1）利用空间特征的典型性，提高特定道路的形象特征；

（2）利用建筑立面的不同样式特征，解决道路形象的可识别性；

（3）与周围有特色的环境相配合，形成道路的特色；

（4）利用植物配置与沿街建筑形式及退让红线，赋予道路一定的连续性；

（5）通过一些特征在某一方向上的规律渐变和显著物体的视觉引导，提高道路的方向性；

（6）在组成道路几何网络的同时，要重视曲线和不垂直交点。

3. 标志物

可供观察者外部观察的参考点，在视觉上独立起到引导作用的简单物质元素，即称为标志物。它可以是尺度较大或变化丰富的建筑，也可以是雕塑等公共艺术作品（图9）。当我们进入一个城市或在城市中确定方位时，标志物起到了重要的作用。在环境中，它往往是造型突出、色彩鲜明或材质特殊的点状要素。同时，在城市中"似乎存在一种趋势，越是熟悉城市的人越要依赖于标志物系统作为导向，在先前使用连续性的地方，人们开始欣赏独特性和特殊性"。[8]标志物通过自身独特的造型特征与周围环境产生对比，以突出其视觉效果，给人留下深刻的印象，且便于识别。作为城市形象的构成要素，标志物同时也具有强化城市形象特征、体现城市特色的作用。在城市中可以利用单体建筑的体量和形状上的变化，以及位置上的强调，产生标志性建筑效果。现

图9
几何化的抽象雕塑与现代城
市建筑环境相匹配
（王豪 摄）

今，贯穿于城市中的大多数标志物，是由不同体量、形色各异的雕塑等公共艺术作品构成的。针对不同城市的雕塑等标志性艺术作品，应当普遍关注以下五个方面的内容：

（1）艺术作品是一个时代的写照，应配合各自不同的地域文化精华，体现出时代感。

（2）要强调整体观，对城市总体形象的把握，应使同一城市的艺术作品之间存在着内在的某种相互关联。可以是一个系列，也可以是不同题材的对应或材质上的相互对比。

（3）在强调艺术品的独创性同时，应与周围环境统一协调。

（4）在突出标志性艺术品尺度和材质的同时，要注重其内在所蕴含的深刻意义。有时艺术品的内涵比体量更为重要，可提升城市的对外形象，体现出较高的文化品质。

（5）艺术品应具备一定的视觉冲击力，它是形式美与材质和内容的完美统一，并具有一定的探索性价值，不应是重复的模仿和无创意的元素符号。

由此可见，作为标志物不论是建筑还是艺术作品，都是城市形象重要的视觉元素。它所体现出的地域性、文化性和时代特色，会极大地影响到城市形象的外部特征。地域性是标志物形象存在的基础，文化性体现了标志物的精神内涵和品质，而时代特色又是其赖以发展的必要条件。因此，这三者在创作中应密切配合、缺一不可，这是形成城市中成功标志物的重要条件之一。另一方面，

图 10
显著的位置与典型的形象特征也使得单体建筑物成为城市中的重要标志物
（王豪　绘）

通过合理的设计和巧妙的构思，还会使标志物更加突出，出现意想不到的效果（图10）。在设计中主要可利用以下手段来使标志物在复杂的城市环境中凸现出来：

（1）使标志物能从多个角度被观察到，这就要求不仅需要一定的尺度变化，而且要为其创造多个角度无遮挡的视觉通道；

（2）在标志物的局部区域中，应采用高度的变化和邻近建筑的退让，利用对比突出标志物的视觉冲击力；

（3）在重要的交通连接点区域，如交叉路口和广场以及进入城市的主要入口，应使标志物处于显著的位置和具有个性化形象特色。

4. 节点

在城市中相对集中或开阔的区域，即为节点。林奇将其视为人们可进入的城市"战略性焦点"。[9] 节点可分为封闭型和开放型两种形式，封闭型节点包括由建筑等围合的广场和半封闭的空间区域；开放型节点则具有开敞的特征，

典型的开放型节点是由道路交叉形成的交点区域，且远离建筑等空间形态。从目前的处理手法来看，它常常是交通环岛和绿化，以及标志物的结合。正是由这些大小不一、形状各异的节点，构成了城市形象的某种特定的空间特征。不同城市，其节点组成也有着不同的形式。在意大利的大多数城市中由不规则的几何形广场组成了节点布局，展现出一种自然的、有机的布局特点。它是随城市的发展自然地衍生出来的一种不规则节点形式。在一个相对集中的区域，由建筑群体构成的人群聚集区，也可成为城市的节点。例如城市中集中的购物中心，它们相对独立、密集，并且高度集中。城市节点所传达出的文化特质，成为影响城市形象的主要因素之一。

由此可以看出，城市中的节点是形成城市空间布局的重要特征，同时也是人们感知城市的重要形象元素。在城市形象设计中，对城市中节点的控制主要体现在以下几个方面：

（1）节点通常是由道路串联起来的，可利用节点对道路进行分段和节奏控制，来改变冗长乏味的道路网络，以满足人们步行需求，恢复街道的活力；

（2）利用多个节点的大小、形状、位置和封闭程度的综合设计，对城市形象进行总体的构思，使各节点之间存在着内在的联系和特定的文化特征；

（3）要使封闭型节点和开放型节点相互配合、统筹考虑，使观察者形成不同的视觉感受；

（4）由建筑物组成的节点，往往是城市居民集中的焦点，要对其进行城市形象的艺术策划与视觉引导，展现出传统文脉与现代风貌的结合。

城市中的节点是人们观察和聚集的主要城市形象要素，它对城市特征的展现和文脉的传承会起到重要作用。透过节点的形式和空间类型的变化，也传达出了各自不同的审美取向，它与居民的生活模式和民族的文化特征息息相关。

5. 城市边界

城市边界，是界定城市范围的线性要素，它是分隔城市与城市以及城市与乡村的界限。城市边界可能是一条道路，也可能是自然的地形、地貌。现代城市由于人口激增，范围在不断扩大。以北京为例，近几十年的发展速度和城市区域的扩展，大大超过了历史上的任何一个时期。同时，在中心城附近又辐射出多个卫星城市。因此，作为城市形象元素的现代城市边界与传统城市界线有着显著的差别。古典城市是由明确的城墙界线和城乡分隔线来界定城市范围的，而现代城市的边界变得愈发的含混不清，我们从视觉感知上很难以某条路或某一条线来分清这一界线。此外，现代交通工具的发达，也使我们无需通过地面交通而基本上是从空中进入一个陌生城市的。从某种意义上说，城市边界的模糊也代表了较高的城市现代化发展程度。

但是当你从真正意义上居住在一个城市，并且曾经驱车往返于城市与乡村或城市与城市之间时，城市边界便起到了重要的作用（图11）。它是区分不同城市面貌的城市形象分界线，我们常常会看到城市边界两端不同的形象特征和自然景象。这是由于不同城市所采取的城市建设措施和改造程度的不同所造成的。基于这一点，城市边界也是区分城市与乡村，尤其是多个城市不同的文化特征的重要界线。现在普遍存在的问题是，由于城市边界逐渐模糊，人们对边界的重视程度不够，以至于使我们很难通过视觉感知来界定城市的范围和界线。因此，强化城市边界，使其具有典型的形象特征，将会对我们建立城市不同的个性化风貌和从城市形象角度控制城市盲目扩张起到积极的作用。我们可以通过以下方法强调城市边界的特征：

（1）无论它是道路还是自然地貌，应使城市边界具有典型的特征，表现出一种可见性和可识别性；

图11
纽约的现代城市轮廓线
（王中　摄）

（2）要强调城市边界的连续性效果，与标志物等点状要素不同，作为城市形象的线性要素，应使其在风格和设计手法上保持连贯性；

（3）在城市边界主要进出城市的通道处，可设置艺术作品或公共标识，来丰富边界的线性特征，突出城市的个性化特色；

（4）要为沿边界移动的观察者，创造不同视点的城市观览通道，尤其当城市边界是道路时，可利用对景和借景的手法，使城市中的重要标志物和典型天际线为进入者创造良好的视觉印象。

6. 各种空间的组织形式

城市的空间系统是由大大小小、不同形状的空间组织在一起形成的，它是构成城市形象不可或缺的重要因素。所谓空间，一直以来受到人们的广泛关注，正如老子所说，"埏埴以为器，当其无有器之用。凿户牖以为室，当其无有室之用。是故有之以为利，无之以为用"。它代表着无形的却为人所能普遍使用的一种城市形象元素。虽然空间比起建筑、标志物、道路等实体形式较难认知，但是空间所传达出的文化内涵和城市特色却会给人印象深刻。从空间的构成上，可以将其形式分为两种类型：一种是建筑内部的空间，主要是用于人们生活起居的室内空间；另一种则是室外空间，既包括由建筑等实体围合而成的封闭空间，也包括建筑之外面向自然的开放空间。芦原义信将外部空间的形式分为"积极空间"和"消极空间"[10]，即向外无限延伸的空间和由边框围合建立起的向心秩序的空间（图12）。"积极空间"是由人的主观意志所决定，并按照设计构思和计划为使用者提供服务的空间形式，它是主观的、有意识

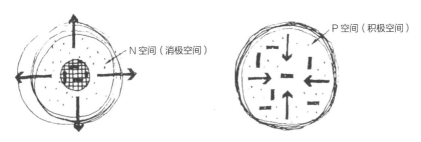

图12
芦原义信所描绘的积极空间与消极空间示意
（芦原义信. 外部空间设计. 尹培桐译. 北京：中国建筑工业出版社，1985.4）

的、内聚的、积极的创造。而"消极空间"则是面向自然的、无计划的、扩散的空间类型。从这一观点可以看出,为创造良好的城市外部空间秩序,就应该变"消极空间"为"积极空间",并使空间由无计划性向有计划性转变。这便要求在城市形象的设计中,要将空间及其组织形式作为设计的重要环节,通过利用建筑实体形态来构建多元化的、有秩序的空间模式。

　　城市空间是由城市中的实体限定的,它们之间存在着密切的关联。东西方城市在空间的组织形式上存在着巨大的差别,不同民族其文化差异也构成了对空间内涵有着不同的理解。以象征东方文明的太极图形为例,从空间的角度来探讨一下城市中空间与实体的关系问题:太极图中代表着阴与阳的两个部分组成了图形的主要元素,它们相互交织,最终形成一个圆满的统一体。黑白图形在相互对立中取得了和谐的一致性,两者表现出互相依附对方的共存关系。同时,黑白图形摆脱了僵化的静态布局,表现出一种动态的相互渗透和交融,在其中蕴含着丰富的变化,展现了东方传统的审美观和价值观。阴与阳不是"分"而是"合"[11],是互为需要、循环往复的整体(图13)。暂且抛开阴阳的概念,将之与城市环境相关联,我们可以将太极图中的黑色部分看作建筑等实体,白色部分看作无形的空间。这种力求在城市中使实体与空间体现出彼此渗透、相互融合的和谐效果,正是在东方的传统城市中所能体会到的。在东方,空间与实体不是相互矛盾、相互冲突的对立物,而是互相依存、互为补充的有机整体,两者体现出一种"共存"。建筑师黑川纪章曾将城市中的这种"共存"关系理解为:部分与整体的共生、历史与未来的共生、自然与城市的共生

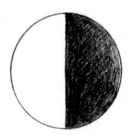

图13
太极图形中分与合的图示
(王豪 绘)　　　　　　　　　　分　　　　　　　　　合

以及不同速度的共生。[12] 可以看出这种"共存"关系不是取消对立，而是既相互对立又相互融合的第三空间，是由相互对立着的适合感组合而成的生动的空间。基于这一观点，可以将城市中的空间与实体的关系理解为：相互依存且对立着的和谐整体。

作为城市形象的重要组成部分，空间的组织形式在设计中成为表达城市特征的基本元素。在城市形象设计中可以从以下三个方面对空间的组织进行思考：

（1）空间不是孤立存在着的，它应与周围的环境以及围合的实体产生某种关联；

（2）要使相邻的多个空间之间产生连续性，以人的活动为基础，强调不同空间的视觉感受和多样性特征；

（3）空间传达着丰富的、深刻的城市精神内涵，它是城市个性的反映，要以不同城市的地域文脉研究为基础。

7. 人的活动

这里将人的活动也作为城市形象的组成要素，是因为人类及其活动是构成城市的基础，也影响和决定着城市形象的各个方面。与建筑等静态元素不同，它构成了城市形象的可移动要素，具有多变的、不确定的特征。人类活动所构成的本土特征，是形成城市不同特色的关键。对生活在城市中居民活动的研究，会为城市形象设计提供重要的参考依据。一切关于城市的设计，其最根本的出发点也正是对当地居民生活方便性追求的满足，以实现人们日益多样化的活动需要。同时，设计对人的活动也会起到引导和推动的作用。作为城市形象的构成要素之一，通过城市形象设计和策划，还可以引导人们的生活逐渐朝向更加有序、更加文明的方向发展。一个有序的、运转良好的城市，必然在形象特征和人的活动之间寻求到一种和谐的共存关系，两者互相依存，体现出整体的城市本土特征。科尔森认为，城市的"本土特征来自对方便性的简单追求"[13]。从这一观点可以看出，要想从城市形象上塑造出城市的个性化特色，就要对当地居民的活动作深入的详查。哪些是长久以来形成的、值得保留的生活习惯和生活需求？哪些会对城市形象特色构成负面影响？这一切会为建立适合当地居民的生存环境奠定重要的基础。我们要认识到，人的活动与城市形象是相辅相成、相互影响、彼此关联的。好的城市形象设计，必然会给人的

图 14
佩萨克住宅使用前后的变化，可以看出使用者为寻求某种便利性而对于设计图纸的改造
（科尔森. 大规划：城市设计的魅惑和荒诞. 游宏滔等译. 北京：中国建筑工业出版社，2005.9）

活动提供多方面的便利，同时要为其未来的发展留有余地。城市形象设计要充分考虑时间的因素和人的因素，它是一个不断满足人类需求的渐进的过程。可以从柯布西耶的佩萨克住宅设计图纸和使用后产生的变化看出，设计仅以满足形象本身的美感和良好的可视性为目的还远远不够，它必然要以人的活动为基础（图14）。否则，由人类活动所构成的本土特征能够产生极大的反作用，会对城市形象产生严重的破坏。一切只从形象本身出发而忽视居民活动的设计都将面临失败的境遇。作为城市形象设计的要素，城市中人的活动应该得到足够的重视，这也是使好的城市形象理想得以最终实现，且不至于遭受到本土特征极大冲击和颠覆的重要保证。

注释：

[1] 凯文·林奇在《城市意象》一书中将城市意象的基本元素归纳为：道路、边界、区域、节点、标志物五种类型。在这里，作者将城市建筑和不同空间的组织形式加入城市空间的构成要素中，取代区域这个范围比较大的类型，以便于更好地在人的视觉清晰可辨析的层面进行分析。同时将人的活动也列入城市空间的组成部分。作为城市基本构成因素的人类活动，是城市文化的重要体现，也决定着城市的环境及形态，应在城市研究中给予足够的重视。所以也一并加入其中进行讨论。

[2] 最早的建筑形式在原始社会已经形成，不同地域生活的人类出现了诸如巢居、穴居、树枝棚屋、石屋、帐篷等不同的建筑形式。在中国，最早的人类建筑可追溯至旧石器时代早期原始人类居住的崖洞，至新石器时代，逐步形成在土穴上用木架和草泥搭建最早的建筑雏形。

[3] 引自《中国大百科全书》（建筑、园林、城市规划），第63页。

[4]（日）芦原义信：《外部空间设计》，尹培桐译，第10页，中国建筑工业出版社，1988。

[5]（奥）卡米诺·西特：《城市建设艺术：遵循艺术原则进行城市建设》，仲德崑译，第71页，东南大学出版社，1990。

[6]（加）简·雅各布斯：《美国大城市的死与生》，金衡山译，第244页，译林出版社，2005。

[7]（美）凯文·林奇：《城市意象》，方益萍，何晓军译，第1页，华夏出版社，2001。

[8] 同[7]，第60页。

[9] 同[7]，第55页。

[10] 同[4]，第12页。

[11]（日）杉浦康平：《造型的诞生》，李建华，杨晶译，第49页，中国青年出版社，2001。

[12]（日）黑川纪章：《黑川纪章城市设计的思想与手法》，覃力等译，第57页，中国建筑工业出版社，2004。

[13]（美）科尔森：《大规划：城市设计的魅惑和荒诞》，游宏滔等译，第9页，中国建筑工业出版社，2005。

三、现代城市形象设计的理论演变

　　城市形象设计是研究有关城市问题的一门学科，也是为解决目前所普遍存在的城市形象趋同现象的重要研究课题。我们对现代城市的关注，主要源自于19世纪和20世纪之交的工业变革所带来的诸多城市问题的产生。在这一背景下，人们逐渐认识到随着生产力的不断提高，城市的环境质量却在日益下降，工业化生产给城市带来了诸如车辆拥挤、空气污浊以及人口膨胀等大量问题（图15）。基于为改善当时这种城市状况，一些学者开始了早期的城市理论探索和研究，有的还付诸了实践。这些早期探索虽然大多数现在看来是幼稚、片面，还有过于理想化的，但是他们为现代城市设计的理论研究作了重要的铺垫，在实验与摸索、挫折与失败中奠定了现代城市设计的理论基础。

　　对现代城市理论的研究，不同学者有着不同的切入点。以英国学者霍华德的"田园城市"理论[1]为例，作为早期研究城市问题较为系统的重要理论之一，主要是针对当时城市规模膨胀和生活条件恶化等现象，提出利用建设"田园城市"这一城乡结合体的理想城市形态，来使城市同时具有城市的优点和乡村的良好自然环境。主张当城市发展到一定规模，为避免无限制地盲目扩张和实现城乡环境的结合，应通过邻近城市的吸纳限制其范围。霍华德开创了现代城市规划理论的先河，具有极高的理论价值（图16）。虽然他提出关于城乡结合体的田园城市，只是一个拥有32000人的微型城市，在现在看来具有早期的理想主义"乌托邦"色彩，但是这一理论的分析和研究方法成为"现代城市建设走向科学的一个里程碑"[2]。

　　从19世纪末开始，面对城市所面临的日益严峻的新问题，从城市形象的角度，通过对城市表象特征的调查和研究，以建筑师为主体提出了具有创新性的城市建设理论，这也为早期城市形象设计理论的形成奠定了基础。这些理论的探寻者中包括了卡米诺·西特、

勒·柯布西耶、伊利尔·沙里宁、弗兰克·劳埃德·赖特等，他们为现代城市形象的建设进行了多个方向的探索，提出了富有创造性、风格迥异的理想城市方案。这些方案不仅从形象改造的角度提出了卓有成效的想法，而且还在城市构想中结合了多学科的思考，形成了较为系统的理论体系。对于解决现代城市问题，从不同角度入手的理论种类是相当庞杂的。以下要介绍的关于从城市形态角度切入的主要理论探索，不期望能够做到全面、系统的阐述，只能是提纲挈领地对主要思想观点予以简介，希望能够在城市形象设计中加以借鉴。虽然就这些理论本身来说，可能还掺杂着其他学科领域的内容，这是不可避免的，但是它们在解决城市形象问题上的确起到了重要的影响作用。

1. 早期城市形象设计思想

在早期关于城市形象的探索中，主要针对大量涌入城市的人口以及工业生产给城市带来的拥挤和城市环境恶化等问题展开了研究。以改善城市居民的居住质量和品质为目标，从1859年奥姆斯特德对纽约中央公园的设计开始，以及1893年芝加哥世界博览会所建设的大型城市美化景观为开端，在美国掀起了一场"城市美化运动"。奥姆斯特德于1870年撰写了《公园与城市扩建》一书，提出"城市要有足够的呼吸空间，要为后人考虑，城市要不断更新和为全体居民服务"[3]的思想。他认为，要采取建设大量城市绿地系统来改善居民的生活品质。建成的纽约中央公园拥有着843英亩（约340公顷）土地的庞大开放空间，成了城市的"绿肺"，在当时密集的城市空间中寻求到了一种回归自然的城市风貌，为解决日益恶劣的城市环境提供了新的方法（图17）。由这一思想引发的美化运动不仅广泛地受到了来自美国本土的关注，而且被其他欧洲城市纷纷效仿。"城市美化运动"是从建立新的城市形象角度来解决城市建设

图 17
纽约中央公园成为城市中巨大的绿肺
(Cameron. above New York.
Cameron and Company)

中工业化生产带来的弊端，恢复城市的和谐美感，从而改善城市居民的生存条件。但是，正如沙里宁所说，"这些城市美化工作对解决城市的要害问题帮助不大，因为并不能为城市整体提供良好的居住和工作环境。"[4]这一运动在实践中使人们逐渐认识到它的不足：这种仅靠增加城市绿地来解决城市问题的办法，是孤立和片面的，只能起到革新城市对外形象的作用，而并不能从根本上解决城市居民的生活问题。然而，从某种程度上，"城市美化运动"使大多数美国城市和欧洲城市面目为之改观，并且开始为改善城市环境寻找新的出路。从这一点来说，它具有积极的一面，对现代景观设计和园林规划学科的兴起和发展起到了很大的促进作用，并为城市形象的进一步探索提供了研究基础。

由西班牙工程师A·索里亚·伊·马塔于1882年提出的"带形城市"思想，是较早的在城市形象设计方面的新尝试。这一思想有别于由核心同心圆向外扩展的传统城市形态，而是将城市沿一条高效率的交通干线串联起来。这条作为城市脊椎的交通干线可以是汽车道路或铁路等高速度的线性轴线，城市生活用地和生产用地等则是沿这条干道两侧进行建设，且控制在500米以内。这样便形成了"带形城市"的雏形，一个可沿着一条无限延伸的道路系统组织起来的条形城市，同时多个条形城市也可形成相互交叉的网络系统。这就提供了一种新型的城市形象特征，由于城市建设区域集中在道路两侧，使得外围大面积的自然风貌可以得到保留，形成居民与自然可密切接触的城市环境。此种交通干线的无限延伸带来了大量基础设施和城市文明的植入，使农村向城市不断迈进。"带形城市"思想被提出后，马塔在西班牙马德里地区进行了尝试，设计了一条用有轨交通和汽车作为交通干线串联起来围绕马德里的马蹄形条状城市。虽然这一理论后来由于城市规模的持续扩大，城市不断向纵深发展，使得原有条状城市面目为之改变。但是，"带形城市"的影响却十分深远，战后苏联等许多国家的城市建设借鉴了这一思想理论，并将其与其他城市形象构想相结合。

19世纪末，资本主义工业化发展带来了城市面貌的改变，欧洲城市在延续西方传统城市布局的基础上，出现了早期现代主义城市设计的萌芽。与西方古典城市特征相反，现代城市采用了强调人工化的路网系统和外部空间规划。奥地利建筑师卡米诺·西特正是看到了这种"工程师型"城市的发展趋势，于是在1889年发表了著名的《城市建设艺术》一书，强调要积极地借鉴古典城市建设中的艺术原则，提出根据艺术原则进行城市建设的思想。这一思想是建立在他对大量城市实地体验和勘查的基础之上，其主旨在于：现代城市应从古典城市艺术中寻找长久以来形成的美学原则，从而摆脱僵化的、机械的现代城市特征。它是对缺乏想象力的现代规则城市形象的反叛，重建已被人们忘却的古典城市建设的艺术准则。同时，西特还指出了古典城市与现代城市在建设过程中的差异，强调古典城市根据实地条件进行设计和体验的创作过程，是极为重要的。有别于现代城市设计中根据图板和圆规来决定城市平面布局的方法，它是创建城市艺术形象的重要途径，也是成功的城市建设所主要依赖的设计过程。西特的观点，为在城市中日益蔓延的笔直街道、方格路网、乏味单调的建筑轮廓和不断扩大的开放空间等机械主义城市形象特征，提供了回归古典传统美学的可能性，更加强调外部空间设计中人的尺度以及人与建筑之间关系的重要性。"城市建设艺术"的思想很好地预见到了现代城市建设的弊病，在一定时期为遏制盲目发展现代城市形象做出了积极的贡献。在一个多世纪之后的今天，西特指出的关于古典城市建设美学和城市的艺术价值不仅是单纯的视觉表现，而是内在原则的外在反映的观点，仍然值得我们广泛地借鉴。西特在文章的结尾中讲到，"几十年前，城市突然以令人难以想象的方式开始扩展，而当时还不具备适当地应付这种挑战的力量。今天，我们没有必要掩饰这一问题。从事用地规划的技术人员有责任仔细考虑包括艺术因素在内的每一因素。我们希望现在仍流行的城市发展规划中方块形式有朝一日会被它现有的懒惰的追随者们所抛弃。"[5]

面对城市人口不断膨胀带来的环境危机，1918年芬兰建筑师伊利尔·沙里宁又提出试图摆脱城市过于集中的"有机疏散"理论，成为当时改善密集和混乱的城市形象的新方法。"有机疏散"理论主要从城市结构的角度，强调将城市人口和就业岗位向更贴近自然的郊区疏散，使城市中心地区的工业用地减少，以便腾出大面积的用地用于绿化，从而降低人口密度，来改善城市的居住环境。同时，在被疏散的城市内部区域建立集中的生活服务设施，把人们经常活动的区域，组织在一定的范围内，形成一个布局合理、结构紧凑的区域，提倡步行以避免不必要的汽车交通，利用高效率的交通线路将分散的城市区域连接起来。在1942年他出版的《城市：它的发展、衰败与未来》一书中，对"有机疏散"理论作了全面的阐释。沙里宁在城市内部的组织上，强调了恢复城市合理秩序的原则，以改造日益衰退的近代城市。他将城市比作有机生命体，提出应按照机体的功能要求来设计城市。他认为，"任何活的有机体，只有当它是按照大自然建筑的基本原则，而形成的大自然的艺术成果时，才会保持健康；基于完全相同的理由，集镇和城市只有当它们是人们按照人类建筑的基本原则而建成为人类艺术的成果时，才会在物质上、精神上和文化上臻于健康"[6]。"有机疏散"理论将居民"日常活动"的区域，作集中布置；而对于不经常的"偶然活动"的场所，则作分散的布置[7]。沙里宁将这一理论用于1918年对于大赫尔辛基的改造方案上，形成了一种被他称之为彼此具有良好相互呼应关系的，有着"分散化的开敞感"的现代城市形象特征。"有机疏散"理论对第二次世界大战后欧美各国改造旧城、建立新城起到了重要影响，这也导致了20世纪70年代后期出现的城市过于分散、能源消耗巨大以及城市中心区的逐渐衰退等现象的产生。

2. 现代主义时期的城市形象设计思想

现代主义设计是以1919年德国包豪斯的成立为标志，这种风格样式以及由现代主义衍生出来的国际主义设计风格，逐渐由欧洲扩展到世界几乎每个角落。它的影响之大是任何一个设计流派均无法企及的。现代主义设计主张采用新的设计手段以适应大工业化生产和现代生活的需求，强调功能性，反对过多的装饰，追求新型材料，充分发挥工业技术的特点，以批量化廉价产品为大众服务。在包豪斯成立之初，便树立了这种在设计中体现工业化生产特征、艺术与技术相结合的宗旨。如同在《包豪斯宣言》中所讲到的，"今天，他们（艺术家）各自孤立地生存着；只有通过自觉，并且和所有工艺技术人员合作才能达到自救的目的"，"艺术不是一门专门职业，艺术家与工艺技术人员之间并没有根本上的区别"[8]。这样，以现代主义为开端，一种功能至上、简洁的、突出工业化特征的设计风格，成为主导20世纪二十至五六十年代的主要设计思想。

现代主义运动在建筑上产生了极大的影响，这也波及到了对城市形象的改变上。笔直宽敞的道路取代了传统城市小尺度的街巷特征，鳞次栉比的高层建筑也改变了以往密集紧凑的民居风貌，现代主义对传统城市肌理的冲击是巨大的。在这些对城市形象改革的倡导者中，法国建筑师勒·柯布西耶便是其中的代表。柯布西耶认为应承认并积极面对现代城市变革的浪潮，提倡利用工业化、现代化的技术来对传统城市进行彻底的改造。他一反城市疏散理论者所倡导的使城市不断向外围延伸的思想，而是希望在城市内部通过建设摩天大楼，来解决城市不断密集混乱的问题。这一"现代城市"观点，试图在市区利用象征现代主义风格的高层建筑，来提高城市的内部效率，拆毁的旧建筑区，也可空出大片绿地来改善日趋恶化的城市环境。主张采用宽敞规整的棋盘格式道路系统代替传统的街巷，以适应汽车等现代交通工具的发展，在城市中的这种快速交通路网也会对提高城市运输效率起到重要的作用（图18）。柯布西耶将城市按照居住区、工业区、办公区、商业区等功能区域进行分区布局，各个区域根据功能有着不同的城市形象特征。他的这种"机械美学"设计理论认为，城市应是一个运转良好的机器，各"部件"之间充分配合形成一个整体。这一理论更加强调城市的功能性和科学性，反对城市为满足视觉美的装饰性内容。柯布西耶于1922年发表了被称之为"城市集中主义"观点的《明日的城市》一书，这是他现代城市改造理论的集中代表。在1933年出版的《阳光城》中，又将这一理论进行了完善。1922年在巴黎秋季沙龙展上，他设计了一个可容纳300万人口的现代城市规划草图，市中心由24幢60层办公楼组成，周围环绕多层的板式居住区，外围是花园住宅，由几何化的笔直道路将这些区域连接起来，形成快速的交通网。通过高层建筑提高中心区的密度，保证地面开阔的绿化空间和便捷的交通服务设施。1925年，柯布西耶又提出了对巴黎市中心区的改造方案，规划希望通过拆除大规模旧建筑建设多个高层办公楼，拓宽道路，建设大量绿地，来体现现代主义城市风貌，并且利用立体交通体系，改变传统的街巷特征。这一方案虽然最终未能实现，但是他的"现代城市"理论影响却极为深远，成为当时改造旧城、建设新城、体现现代城市特征的重要手段。他的这种

图18
柯布西耶的昌迪加尔规划
(Leonardo Benevolo. Histoire de la ville,1983:491)

采用竖向城市发展策略以改善城市环境质量和提高城市效率的方法，在解决城市混乱、陈旧的状况方面，曾起到过积极的作用（图19）。但是，这一思想对城市传统文脉形象起到了巨大的摧毁作用，它割裂了城市历史脉络的发展，过于强调现代主义城市的功能性和几何形态特征的原则，为城市形象带来了极大的负面影响。

20世纪20年代，随着现代城市的人口数量和城市规模不断扩展，学者们逐渐认识到，仅靠持续扩张城市边界，非但没能解决城市过度膨胀的严重问题，反而导致了诸如人口进一步集中、城市用地愈发紧张，以及市域环境日趋恶化等现象的产生。如何疏散大城市的内部人口，并且有效地对不断涌入的外来人口进行截流，限制其盲目扩大的规模，成为缓解城市压力的关键。基于这一原因，"卫星城市"的概念最早是由英国建筑师昂温提出[9]。这一理论构想在一定时期为解决大城市人口和范围的无限制蔓延做出了贡献，在20世纪20年代伦

图19
柯布西耶设计的法国马赛公寓（1947-1952），在一幢建筑物之内尝试多种使用功能的结合
(Jose Baltanas. Walking Through Le Corbusier. Thames&Hudson Ltd., 2005: 118)

敦地区的规划中，昂温试图通过在中心城外围建立相对独立，同时又与城市核心区密切联系的多个小型城市集中区域，来限制城区规模的不断扩展。新建的"卫星城"与中心城区保持一定的距离，在城市中心区边缘利用大面积绿带限制其进一步扩展，之间利用便捷的交通手段将多个新城与中心城串联起来，形成既分散又与核心城区在生产、经济、文化以及生活等方面保持着紧密的联系，成为城市外围相对密集的生活和居住区域。"卫星城市"的建立，为疏散城市过度集中的人口以及拓展新型产业建设基地起到了积极的作用。自伦敦之后，欧洲其他国家、美国、日本等发达国家纷纷仿效，在大城市周边建立了多个卫星。早期的卫星城市仅具有分散城市人口的生活居住功能，被称作"卧城"。这种单一的功能定位，随后也引发了一系列问题：由于居住空间和工作空间相去甚远，大量时间消耗在了往返的交通线路上，在连接城市核心区和卫星城的主要交通干道，每到上下班的高峰时段，车辆拥堵现象尤为严重。通过一些实践证明，仅靠单一职能建设的卫星城镇，其效果均不理想。近年来，各国在建设卫星城的方法上，汲取了早期建设的经验。一方面，架构先进的交通网络系统，不断运用各种高效、便捷、快速的交通工具缩短路程之间的往返时间；另一方面，适当扩大卫星城的规模，在内部建立多样化的就业岗位，尽量缩短工作和生活居住之间的距离，以缓解大量人口进出城的交通压力。

如上所述，现代城市面临着大量新建城市区域的建设问题。如何创造更为适合人类居住的社区环境和邻里模式，也成为现代城市更新的前提。为此，美国建筑师佩里于1929年构想了一种新型的社区模式。他以一个小学所能服务的人口规模作为基本单元进行社区规划，区域内部大量采用步行道路系统，减少车辆穿行社区带来的交通隐患，以人步行所及的适当距离0.25英里（约400米）作为区域划分的半径参考。在其中配以商业等生活服务设施和占较大比例的游憩公园，建筑的布局均采用较好的朝向和较大的间距，社区外围利用交通干道进行分隔。这种按照居住规模合理控制住区范围和密度的方式，称为"邻里单位"。这一理论的建立，为居民提供舒适、便利、环境良好的生活居住空间创造了条件，有效地控制了社区混乱的局面，为新城建设创立了住区规划的模板。此后，在西方国家较多地将"邻里单位"模式运用到城市建设当中去，并且根据当地不同的实际情况，邻里规模也在产生相应的变化。这种通过科学合理的分析产生社区规划模板的方式，一改传统的自然村落格局，成为新型居住单元的典范，对改善居住质量，建立安全的社区环境贡献颇丰。

纵观20世纪初期的城市建设理论，建筑师起到了举足轻重的作用。1933年，国际现代建筑协会（简称CIAM）在雅典举行的第四次会议上，与会的建筑师代表在会议主持人勒·柯布西耶的影响下，共同发表了集中反映现代主义城市建设理论的《雅典宪章》。《雅典宪章》对19世纪末以来现代城市的改造进行了全面的总结，遵从理性主义的分析方法，对当时城市改造过程中普遍存在的问题展开深入剖析，提出了重要的城市功能主义分区思想。它将城市活动划分为居住、工作、游憩和交通四大功能体系，认为城市设计的目的即是要将四大功能方面的需求进行妥善解决，才能达到城市的良性发展。宪章指出，居住应居于首位，充分体现以人为根本出发点的设计思想。住宅区——应选择在良好的城市区位上与自然环境相结合，且控制居住密度，达到良好的生活环境。在城市居民较为集中的区域，应通过建立高层住宅楼，并预留出足够面积的绿化以改善居住质量。城市住宅区应该表现为一种舒适、便利、安全、整洁和安静的邻里单位。工作区——应在统筹考虑城市总体工业布局的前提下进行合理安排，尽量缩短居住与工作空间之间的距离，减少高峰期车辆拥堵的机率。在工业区周边采用绿色隔离带，以阻断工业生产带来的环境干扰。游憩区——宪章指出城市中目前普遍存在着绿地和游憩空间匮乏的现象。在城市内部，应采取各种手段留出空地以供居民休闲游憩之用。在城市外部，则应保持自然风景地貌，提供大面积游憩空间。交通——是造成城市区域混乱的重要因素，应改变旧有的街巷式道路体系，采用新型的现代道路交通系统，并依据不同需求设定道路宽度，利用现代交通工具将各功能分区联系起来。在交通干道与住宅之间应留出足够宽度的绿带。宪章通过科学分析方式，将居住、工作、游憩三大功能分区在城市中进行合理布局，并且利用适合机动交通发展的全新道路体系将三者连接起来，城市才能完成良好的运转。即"将各种预计作为居住、工作、游憩的不同地区，在位置和面积方面，作一个平衡布置，同时建立一个联系三者的交通网"[10]。同时，宪章还提出了对历史建筑和有历史价值的街区进行全面保护，并尽量避免现代交通干道穿越古城区。《雅典宪章》所提出的功能分区思想，打破了传统突出纪念性的古典形式主义城市规划思想，强调城市的功能性特征，对改善城市环境，科学地进行城市规划起到了重要的影响，成为20世纪四五十年代主要的城市设计原则。但是，这种过分强调功能主义的城市理论，将城市人为地进行了明确的功能区域划分，从而忽视了城市固有的文化特征和人文关怀，以至于走向了柯布西耶所倡导的机械主义城市建设理论。因此，到了六七十年代，《雅典宪章》的功能主义思想已不能适应现代城市的进一步发展，从而为《马丘比丘宪章》所取代。

继霍华德的"田园城市"之后，美国建筑师弗兰克·劳埃德·赖特也提出了具有城市分散主义的"广亩城市"思想。20世纪30年代，赖特设想了一种有别于现代城市高度集中的城市建设模式，采用分散的、低密度的、更为贴近自然的建设思想，来解决工业化城市人口密集和环境恶劣的问题。这一思想反对柯布西耶的现代城市集中主义理论，倡导更为趋向田园式的居住模式。他认为，随着科学技术的发展，城市向外围分散成为一种趋势，伴随着汽车和快速交通模式的建立，集中于城市核心区生活已经并非必要的选择。在"广亩城市"的构想中，赖特将城市的大量人口向郊区进行疏散，通过建立分散的住宅区和就业岗位，使城市向更为广阔的大自然扩展。同时，利用快速高效的交通网络将这些分散的区域连接起来，并且沿着高速交通干道设置公共服务设施，确保基本生活物资的供应。在他所描述的"广亩城市"里，"每个独户家庭的周围有一英亩（约4000平方米）土地，生产供自己消费的食物；用汽车作交通工具，居住区之间有超级公路连接，公共设施沿着公路布置，加油站设在为整个地区服务的商业中心内。"[11] 赖特的分散主义城市思想虽然具有某种理想化色彩，仅靠城市的无限制扩展并不能解决城市人口膨胀的根本问题。但是，"广亩城市"思想具有极强的预见性，表达了城市居民对田园生活的渴望，为城市向有着良好自然环境的农村发展成为可能。通过在城市外围建设具有良好住区环境和低密度建筑组群的生活工作区域，吸引城市人口向郊区扩散，成为五六十年代城市设计所经常采用的手段。这一理论打破了传统的邻里住居模式，并最终导致了城市中产阶级的疏散和旧城中心区的逐步衰落。

3. 现代主义之后的城市形象设计思想

20世纪50年代，《雅典宪章》所提出的功能主义城市设计思想，仍然在城市更新中发挥着重要的作用。然而，一些富有探索精神的建筑师和学者逐渐认识到，这种倡导功能至上的城市理论，在某种程度上，束缚了现代城市的发展，需要提出更为有效的、适应时代要求的新思想和新观念，来改变陈旧的思维模式。在这些探索者中，以史密森夫妇为代表的国际现代建筑师会议中的第十小组（Team10）成为当时激进思想的先锋。他们反对机械的功能主义原则，提倡以城市中对人的关怀和对社会的关注为基本出发点。如何使城市空间适应不断变化的社会生活，应成为设计的关键所在。在1954年发表的《杜恩宣言》中，提出了"人际结合"的思想[12]，以适应新时期居民丰富的生活需求。"簇群城市"的概念，便是由史密森夫妇最早提出的新型城市形态构想。它也集中反映了Team10关于流动、生长、变化的城市理论。流动，是对现代城市丰富复杂性的充分预见，城市应表现为不同流动形态的协调组合，由此产生的"空中街道"系统理念——即连接建筑群的分层次的空中步行走廊——反映了城市不同空间层面的交流和互动；生长，则是对在旧城进行大面积更新改造的抵制，以生命周期为依据，使旧城改建遵循逐步更新的原则，在保持城市原有整体风貌的同时，寻求新的发展；变化，城市应表现出整体的循环变化，体现一种"改变的美学"思想。"簇群城市"是以线型的道路和公共服务设施为"枝干"联系起来向四周不断延伸的可变城市形态，体现了理想城市所具有的丰富变化和有序发展的态势。

　　"城市意象"观点是由美国城市规划学者凯文·林奇提出的一个较为完整的城市形象建设理论，这一理论在其1960年发表的《城市意象》一书中作了全面的阐释。他从观察者认知城市的角度出发，将意象概念用于城市空间形态的分析、研究和设计的过程中（图20）。并且，对城市意象的类型进行了归类总结，将其中的物质形态归纳为道路、边界、区域、节点和标志物五种元素。道路，对大多数初访者来说是城市中的主导要素，它是辨析城市特征和获取城市

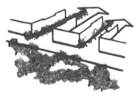

图20
林奇城市意象理论的要素图示
（凯文·林奇. 城市意象. 方益萍，何晓军译. 北京：华夏出版社，2001：77）

信息的主要参照物，应强化特定道路的视觉意象，并对道路的连续性、可识别性和方向性做妥善处理，从而避免简单的重复处理所造成的混乱和模糊的整体特征；边界，是构成城市意象的线性要素，起到从视觉上分隔两个区域的作用，为便于观察者建立整体的视觉印象，应兼顾边界两侧不同区域的参照作用，使两者有机地接合，保持视觉上的联系；区域，是具有某种特征、可进入的较大城市领域，应通过强化组成部分之间的意象特征，建立明确的整体视觉效果，会对区分区域之间的差别起到有效的作用；节点，是城市中的集中点或道路的连接区域，它既可以是较小的点状意象，也可以是较为大型的人流汇聚点；标志物，通常由简单的物质元素构成，成为城市观察者重要的参考点，明确的、有特色的标志物具有良好的可识别性，有助于形成城市的意象特征。"城市意象"理论对城市形象及其组成要素进行了系统的分析，从视觉体系的角度建构了城市环境意象的研究理论，对建立现代城市的整体意象风貌起到了重要的作用。正如林奇所言，"我们正在飞速地建造一种新的功能组织——大都市区，但我们同时还要明白，这种新的组织也需要与其相应的意象。"[13]

在《雅典宪章》提出之后的三、四十年间，随着工业技术的进一步发展，城市面临了诸多新的问题。《雅典宪章》所倡导的功能主义思想已经不能适应现代城市的多样性需求，原有环境在城市持续扩张、人口不断集聚、私人汽车数量大幅度增加以及对自然资源滥加开发的局面下，遭受了极为严重的破坏。因此，在这样的新形势下，就极为迫切地需要提出更加符合时代发展的城市建设思想，取得与构建多样化城市环境相适应的行动纲领。1977年，在秘鲁由多个国家的著名建筑师、城市规划学者等代表共同制定的《马丘比丘宪章》便成为了这一时期具有代表性的城市更新的主要原则。《马丘比丘宪章》共分为十一节，在一方面肯定了《雅典宪章》对于城市建设所做出积极贡献的同时，从城市与区域、城市增长、功能分区概念、住房问题、城市运输、环境污染、文物和历史遗产的保存以及城市土地利用等多个角度提出了新的建设准则。在宪章中，强调了要摆脱传统的城市功能分区概念，避免将城市整体打散为互相割裂的片区，应建立多样统一、多功能综合的城市环境；认为在解决城市居民的居住问题中，应以人的社会活动和交流作为依据，提高生活质量，并取得与自然环境的和谐发展；提倡便捷的公共交通运输系统，以取代不断增加的私人汽车；呼吁采取各种手段保护现有环境，防止自然资源的过度消耗和环境质量的进一步恶化；在保护历史建筑和文化遗存的同时，要寻求传统文化在新时期的发展，保持持续的生命力；指出城市和区域的规划建设是一个动态的过程，在这一过程中应考虑不断适应这种变化的趋势；阐述了现代建筑建设的主要任务是以人的活动为依据，要强调内容而非形式，应将创建适宜人类居住的城市环境作为目标；提出公众参与设计过程的重要性等。作为全面论述新时期城市建设思想的《马丘比丘宪章》，充分考虑了城市化进程中出现的新问题，提出的极富创新和前瞻性思想的理念和准则，更加有助于新形势下城市的发展，为城市建设指明了方向。此外，宪章摆脱了僵化的城市功能主义理论，以内容取代形式，倡导以人为本、更为多元化、系统全面的城市设计思想。

　　人们对于未来城市的发展总是充满着期待和憧憬，在20世纪六七十年代，与传统规划学者沿着历史的脉络探讨现代城市更新有所不同，一批激进的青年建筑师和城市设计者以极富想象力的构想，从未来建设的角度提出了更为夸张的、理想化甚至不切实际的城市方案（图21～图23）。现代城市所面临的问题已经相当广泛，借助现代科技手段的支持，探讨城市向新的空间领域发展成为未来城市研究的主题。此外，设计者们对于如何建设一种可持续发展的、可变或可移动的、生态的城市结构，也极为关注。在这些未来城市建设理论中，具

图21
弗里德曼的空间城市构想模型（Spatial City，1958～1960）
(Marie-Ange Brayer. Archilab's Urban Experiments. Thames & Hudson Ltd., 2005:86)

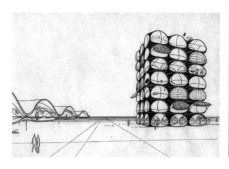

图22
夏利亚克提出的有机城市构想（Plastic Polyvalent Cellules，1961）
(Marie-Ange Brayer. Archilab's Urban Experiments. Thames & Hudson Ltd., 2005:30)

图23
矶崎新的空中城市理论在卡塔尔国家图书馆设计方案中的运用（2002）
(Marie-Ange Brayer. Archilab's Urban Experiments. Thames & Hudson Ltd., 2005:104)

有代表性的包括英国阿基格拉姆的插入式城市和步行城市，日本建筑师黑川纪章的新陈代谢理论、矶崎新的空中城市、丹下健三的海上城市，以及意大利建筑师索莱利的仿生城市等。阿基格拉姆是20世纪60年代由几位英国青年建筑师组成的先锋设计小组，插入式城市便是由建筑师库克于1964年提出的城市建设的理想化方案。在他的构想中，城市是由交通管线组成的巨大的网状构架，以建筑为单元可以插入城市的构架中并能定期更新。这种类似于插座式的城市结构，使建筑单元可以根据需求进行更换与变化，形成一种可变的城市环境。这一充满科学幻想的城市方案经过几年的研究，最终还是由于可行性欠缺而未能实现。日本建筑师黑川纪章于20世纪60年代年代初提出的新陈代谢理论，则是从人的生命周期与城市建设的关系上寻找到了契合点，主张城市和建筑设计应类似于生物的新陈代谢，是一个动态的过程，反对静止的观点。黑川纪章认为，新陈代谢理论的两个基本原理是"通时性"和"共时性"[14]，"通时性"体现为历史和未来的同时接纳，城市应反映出过去、现在和未来的不同特征；"共时性"则是指异次元、异世界的共生，即城市中不同文化的共生，体现出精神世界和物质世界的共时性。因此，城市设计也应该由机械时代逐渐走向生命时代。从以上观点我们可以看出，未来城市理论的探寻充满了理想化和多元化的特点，从不同角度提出的新颖独特的建设理论，也将会为当前的城市更新提供具有前瞻性的、极具创意的城市建构理想。

至20世纪80年代，西方部分大城市的城市中心区经济衰退的状况愈发严重，这主要是因为郊区拥有大量的空地和新鲜空气，交通也不拥堵，吸引了大量人口向郊区迁移，城市中心区变成了贫民区和混乱拥挤的地方。同时，随着迁移的加剧，郊区模式带来了严重的负效应。诸如以汽车为主导改变了传统邻里模式，致使郊区生活的中产阶级出现隔离和缺乏交流的机会。面对这些情况，从20世纪90年代开始，针对都市问题，西方各国以社会学家、人类学家、经济学家、建筑师为主体，进行了广泛的研究工作。最具代表性的是1993年在美国成立的新都市主义协会（Congress for the New Urbanism）展开了对于新城市问题的讨论。他们于1996年5月，在美国南卡罗来纳州的查尔斯顿举行的第四次会议上发表了《新都市主义宪章》。《宪章》对于"城市中心投资的减少，城市的无序蔓延，以人种和收入水平来划分聚居区的趋势，环境的退化，农田及郊野的消失，社会建筑遗产被破坏等现象"[15]进行了深入剖析，并将其作为迎接新时期社区建设的重要挑战。以实现重建社区、街道、公园、邻里和良好的城市环境为目标，《宪章》提出了新的共同纲领和指导原则。主要包括：

（1）要在大都市范围内重建现有的城市中心区，恢复其活力，避免郊区化的无序蔓延；对郊区的现有状况进行重构，在设计中要强调邻里布局特征，进行统筹规划；将自然环境与人类文化遗产保护作为重要任务。

（2）强调物质基础建设应与保持地区经济活力、社会稳定和环境健康相关联。

（3）建立多样化的邻里功能布局和人口构成；在社区设计中应采用步行、公共交通、私人汽车相结合的混合交通模式；在城市与城镇应建立实体的边界和公共场所及社区机构；以当地的历史、气候、生态和建筑经验作为建筑及景观设计创作的依据。

（4）提倡公众参与，在设计中应由政府、民间团体、社会活动家、专业人士广泛参与，实现建筑艺术与社区建设的有机结合。

《新都市主义宪章》一经发表，受到了社会的普遍关注，成为研究和探索城市改造及新区建设的重要理论。它集合了社会学者、民间团体、专业人员等各界人士，从更为广阔的领域提出了诸多有建设性的关于解决城市衰落和社区建设等问题的原则和建议，使之成为当前城市形象设计重要的参考依据。

注释：

[1] "田园城市"理论是霍华德（Ebenezer Howard 1850–1928）于1898年出版的《明日：一条通往真正改革的和平道路》一书中提出的建设新型城市的方案，1902年再版时更名为《明日的田园城市》。

[2] 王建国：《城市设计》（第2版），第34页，东南大学出版社，2004。

[3] 沈玉麟：《外国城市建设史》，第122页，中国建筑工业出版社，1989（2005重印）。

[4] 引自《中国大百科全书》（建筑、园林、城市规划），第17页。

[5]（奥）卡米诺·西特：《城市建设艺术：遵循艺术原则进行城市建设》，仲德崑译，第122页，东南大学出版社，1990。

[6]（芬）伊利尔·沙里宁：《城市：它的发展、衰败与未来》，顾启源译，第133页，中国建筑工业出版社，1986。

[7] 同 [4]，第513页。

[8] 王受之：《世界现代设计史》，第125页，新世纪出版社，1995。

[9] 同 [4]，第451页。

[10] 张京祥：《西方城市规划思想史纲》，第125页，东南大学出版社，2005。

[11] 同 [4]，第186页。

[12] 同 [3]，第190页。

[13]（美）凯文·林奇：《城市意象》，方益萍，何晓军译，第9页，华夏出版社，2001。

[14]（日）黑川纪章：《黑川纪章城市设计的思想与手法》，覃力等译，第14~15页，中国建筑工业出版社，2004。

[15]（美）新都市主义协会：《新都市主义宪章》，杨北帆等译，第5页，天津科学技术出版社，2004。

第二章
城市形象设计的文化属性

城市在本质上是文化的产物，或者换种说法，是特定生态环境（即城市）下特定社会关系体系（即城市文化）的产物。

——曼纽尔·卡斯特

一、城市与文化

　　早在第一座"城邦"形成之前，人类已经创造了非凡的文明。然而将这些文明表现为具体的文化特征，城市起到了至关重要的作用。世界上第一批城市诞生的时间是在公元前4000～3000年，是在原始社会向奴隶社会发展的过程中产生的，也是在早期阶级社会技术和经济很不发达的基础上形成的。[1]早期的城市是作为少数统治阶级据点的城堡，主要起到防御作用（图24）。现在再来看城市与文化，我们普遍可以认为，城市与其民族特有的文化之间存在着密切的联系。关于城市与依附于其中的文化的关系问题，正是一切关于研究城市形象课题的基本出发点。城市无论其形成的时间是经历了几千年，还是短短的几百年甚至几十年，无论是伟大的民族还

图24
意大利古城鸟瞰（Veneto,
Palmanova, Italy, Created
in 1593-1623），几何化的
城镇布局兼顾战争时期的防
御功能

(Spiro Kostof. The City Shaped:
Urban Patterns and Meanings
through History. Thames&
Hudson Ltd., 1991 : 19)

是不被人关注的少数派，存在于其城市中的文化同样是值得我们去研究的。或者换句话说，文化从某种程度上来说是没有贵贱之分的。一切人类活动均构成了其特有的文化特征。城市中街道的尺度、建筑的样式、广场的规模、地形的变化以及人的各种活动，都或多或少地体现着城市固有的文化风貌。

"城市"一词可以被简要地概括为"它是文明社会的一种普遍现象。无论工业或技术进步的国家，除农村经济结构以外的地方，都可发现城市。"[2] 城市与文化体现为密不可分的整体，城市的发展体现着人类自觉或无意识地对于其居住的生存环境所进行的改造过程。它是社会、经济以及文化发展到一定阶段的产物，传达着人类诸多的文化特征。"文化"的概念则可以被定义为，"从广义上来说，指人类社会历史实践过程中所创造的物质财富和精神财富的总和。从狭义上来说，指社会的意识形态，以及与之相适应的制度和组织机构。"[3] 首先，"文化是一种历史现象，每一社会都有与其相适应的文化"，并且随着人类社会物质生产和生活的发展而不断发展演化。正如我们所看到的，城市中文化符号的表现形式随着社会的不断发展和进步，也在相应地进行着变化。中国传统的木质建筑营造法式，伴随着钢筋混凝土的出现，已经被移入了博物馆；象征着古希腊伟大文明的神庙建筑，也转化为城市重要的历史文化遗产。或许可以这样说，文化代表着一定时期的社会意识形态，与历史沿革及社会发展密切相关。正是社会物质生产发展的延续性决定了文化发展的历史延续性。其次，"随着民族的产生和发展，文化具有民族性，通过民族形式的发展，形成民族传统。"作为体现社会意识形态的文化，有着地域性和民族性的特点，反映了某个社会特定历史阶段的政治和经济。如同我们可以区分各民族不同的语言和生活方式一样，文化具有不同民族的地域性特征。由此看来，文化是依存于人类社会而创造和发展的，它必然与人类居住、工作和生活着的城市及其空间环境密不可分。路易斯·威尔斯认为，现代社会的一个特征事实是人类聚集在巨大的城市区域，而文明从这里辐射出去。[4]

城市是人类文化的重要载体，同时它又是文化得以延续和发展的推进器。正是城市文化所独有的并大大超过农村文化的多样性，不断地吸引着日益增多的农村人口向城市涌入。原先自发形成与自然相和谐的城市逐渐过渡到拥有着超大规模和大量外来及流动人口的巨型城市。大量的农民搬离了父辈们所一直依赖的广袤的田地，而搬进了城市拥挤、狭小甚至破旧不堪的环境中。城市总

图 25
巴黎独具风格的建筑形式
（王豪　摄）

是以其广阔的包容性，吸纳着各种外来的多元文化，并在自觉或不自觉中传递着最新的文化信息，这正是城市的魅力所在。正是依赖这种文化的包容性，城市建立起了一种复杂难辨的外部形象特征。有时，我们很难说清楚呈现在我们眼前的似是而非的城市形态来自于哪种文化形式。城市在这种多元文化的交融中，不可避免地存在着新与旧的或者说传统与现代文明的矛盾。如何在新形势下保持城市长久以来形成的不同的文化特征，并且在这种文化特征的保存基础上，而又不失去现代城市风貌（图25）。这一问题已经成为现代城市更新中亟待解决的重要问题，也是设计者进行城市形象建设的主要任务。

在对城市文化内涵的阐释中，经济学家往往将城市文化看作文化经济或文化产业中的创意以及文化产品的生产与消费；而人文学家则认为，城市文化反映在居民文化心理和历史记忆的诸多方面。[5] 关于城市文化的理解，不同研究领域的学者有着各自不同的切入点。但是可以基本达成共识的是，文化是城市不可或缺的重要组成部分，是研究城市问题的根基。在这里讨论城市与文化的关系，不是从宏观角度进行辩证的分析，而恰恰是想将人们的注意力转向对于微观层面的关注。如何来构建文化城市的形象特点？什么样的城市形象能够更好地使城市文脉得以延续？这两个问题的最终解决，仅靠功能布局的合理和技术的进步还远远不够，且过分强调功能主导的原则往往还会重蹈"现代主义"[6]的覆辙。因此，要想取得令人满意的结果，在更大程度上，有赖于从城市文化的角度对城市形象进行重新的审定。

在快速化建设过程中文化的缺失，使我们逐渐认识到城市形象设计的重要性。举一个欧洲城市的范例：作为文艺复兴重要发源地的佛罗伦萨，呈现在游客眼前的是尺度适宜的街道以及多样性的建筑风貌（图26）。以城市中重要节点为中心，不同历史时期的建筑有机地组织到一起，由一个街区扩展至整个城市，形成了统一、鲜明的城市个性，给人印象极为深刻。面对现代化生活的需

图26
佛罗伦萨旧城区中统一的城市风貌
(Trewin Copplestone. Michelangelo. Regency House Publishing Ltd., 2002:139)

要以及日益扩张的人口数量，佛罗伦萨表现出了一种既尊重历史又不失现代特色的经典文化城市风貌。它所展现出的从容和淡定以及深刻的内在意蕴深深地打动着每一位到访者。我们身处在其中能感受到的只有一种强烈的源自古典且与现代多样性功能需求结合紧密的城市文化形象特色。这与林奇所强调的"历史的延续性"有着潜在的联系和一致：要创造"一个随时间的流逝（人们）越来越聚集的而不是一成不变的城市环境"。[7]

对于城市与文化这样复杂的问题，我们不做更深层次的论述。城市所包含的内容如此丰富，文化又体现在城市发展的各个方面（图27）。关于城市与文化的关系问题，或者说关于城市文化内涵的更进一步探寻，还有待各方学者做出更加深入的研究。这里对城市与文化的简要分析，将重点放在对如何在形象建设中表现出城市的不同风貌和潜在的文化特质等问题的关注上，这也是研究城市形象设计的基础。只有建立在文化根基上的城市形象建设，才能一方面体现出我们对于传统物质文明和精神文明的尊重；另一方面，使城市乃至本民族的文脉得以延续。

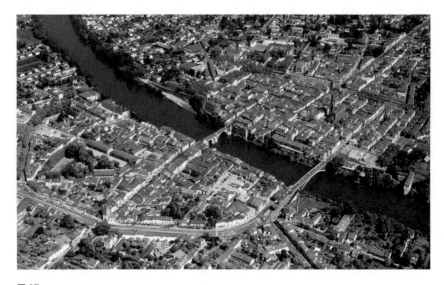

图27
法国小城 Villeneuve-sur-Lot 仍然较为完整地保留了传统城市肌理
(Spiro Kostof. The City Shaped: Urban Patterns and Meanings Through History. Thames & Hudson Ltd., 1991: 118)

注释：

[1] 沈玉麟：《外国城市建设史》，第3页，中国建筑工业出版社，1989。

[2] 引自《大美百科全书》(6)，第396页。

[3] 引自《辞海》，第3510页。

[4]（西）曼纽尔·卡斯特：《城市意识形态》，王红扬，李祎译，《国外城市规划》，2006第5期。

[5] 曾军：《都市文化研究：范式及其问题》，《城市文化评论：第1卷》，高小康主编，第5页，上海三联书店，2006。

[6] 现代主义运动开端于20世纪初，强调功能决定形式的原则。20世纪20年代，柯布西耶对于巴黎的改造规划"伏埃森规划"是这一运动思想在城市建设中的集中表现。在这一规划中他在塞纳河畔的中心区采用了多栋现代主义的高层建筑进行大胆的重新改造。幸运的是，这一方案未能实现。

[7]（英）卡莫纳等：《公共场所——城市空间》，冯江等译，第195页，江苏科学技术出版社，2005。

二、城市形象要素的文化特征

城市文化固然内容庞杂且相对抽象，但是总要以某种城市形象的特有形式表现出来，成为文化在城市中的表象体现。接下来要展开的，是对这些空间中的构成因素从文化展现和美感建构方面的简要分析，力求寻找到城市要素构成中所包含的某种可感知的文化建构特征。

1. 城市建筑以及空间形态

城市建筑体现着一个城市的历史文化传统，并且伴随着社会的发展和科技的进步也在不断地变化。如何在城市建筑的建构中体现出文化特征，也成为考量一座城市建设成败的首要条件。而目前普遍存在的问题不是忽视了这一影响，而是过分地渲染建筑在城市中的作用，致使建筑脱离其他构成要素，以极其夸张的姿态屹立于城市之中，不断改变着城市的天际线。在这个信仰建筑单体能够拯救城市的年代，设计师往往迷恋于建筑技术和建筑样式的推陈出新，即使它的样式与周围环境格格不入。我们逐渐意识到这个问题的严重性，单靠建筑的出类拔萃是很难复兴整个城市日益沦丧的文化内涵的。城市建筑要放到整个城市空间中加以考虑，而不是迁就于单体建筑或建筑群诡谲各异的形象。

对于城市建筑以及城市的空间形态而言，要在寻求发展的同时，兼顾地域性文化特色。传统的建筑样式和空间布局在现代条件下如何得到继承和转化，需要建立在对传统建筑美学和空间组合关系的充分研究基础上，而不是简单的符号移植。我们要继承和发展传统建筑及空间文化的精神品格，而不仅仅是延续传统样式和材料。这样才能使其在文化层面体现出更高的追求。在谈论如何将民族文化转化为现代建筑语言时，建筑师安藤忠雄认为存在着两种方法：一是因袭传统形式的方法；二是继承非形态的精神的方法。[1]

并且指出，如何同时将"抽象性"与"具象性"融为一体是设计上的一大课题。

空间形态的样式与特征也会给人带来特有的城市文化感受。空间虽然比起具体建筑形式较难识别，但是正是这种具有"非具象性"常常代表了一个城市的精神内涵。在穿越由建筑所构成的外部空间和围合形成的内部空间时，正如斯克鲁顿所言，"空间的联系，以及空间相互的作用都是建筑体验的真正目的"。[2] 这种序列体验往往传达出不同城市不同的文化特征。

那么，城市的文化特征怎样通过城市建筑以及空间形态的形式得以延续和发展呢？经过以上的分析可以得出如下结论：

（1）摆脱国际主义风格模式的束缚，应将主要关注点放到传统文脉的传承和超越上。

国际主义风格是由西方现代主义设计思潮发展而来的，强调标准化、工业化、一致性的现代城市特征。它将解决城市的功能问题放在首位，反对地域文化在城市中的表现。最早的国际主义风格是在20世纪二三十年代由建筑师菲利普·约翰逊提出的，从美国发起，并且迅速蔓延至世界的各个角落，其影响之大是任何一个设计流派均无法企及的。它的显著特点在于利用宽敞笔直的街道取代了城市自然形成的路网肌理，从而改变原有的低矮建筑群落为高大密集、整齐划一的高层建筑组合。这一风格在早期的现代城市建设中起到了重要的作用，从一定程度上解决了由于人口激增和技术进步所引发的车辆拥堵和城市面貌落后的局面。但是，城市在国际主义的更新中也付出了惨痛的代价。原有的城市肌理遭到了破坏，一些具有典型地域特征的传统建筑及空间形态受到了"功能至上"标准的同化，造成了城市形象的趋同，使传统城市文脉丧失殆尽。如何摆脱国际主义僵化的形象特征，呈现出不同地域的不同城市风貌，这也成为了城市形象设计所应关注的首要问题（图28）。正如安藤忠雄所提出的，建筑师进行设计时，必须考虑社会状况、历史、传统、人们的生活、风土、地域性等因素。想要设计出自己民族风格的建筑，就需要思考出自己的方法。[3] 我们不能再让功能合理但形象单调的"现代化"建筑不断地重复出现在城市的建设中，而解决这一问题的关键常常表现为一种平衡，即建立在传统文脉的传承基础之上，具有城市艺术美感的建筑形式与空间形态同功能性要求的有机结合。这就要求在城市建筑及空间的设计中要将城市的传统文脉研究放在首位，建构具有特色的外部形象特征，与国际主义风格相抗争，使建筑形态及空间组织展现出城市的艺术与文化风貌。

图28
具有国际主义风格特征的现代建筑
（王豪　摄）

（2）建筑和空间应继承传统城市的精神内涵，这样比简单的形式模仿更能表现城市的文化特征。

建筑的形式与城市空间形态代表着某个地域的文化特征。设计者往往对于城市建筑的传统构造形式和材料进行广泛而深入的研究，而对如何形成此种建筑样式和空间组织形式的深层精神内涵却很难把握。虽然城市建筑及空间设计的内容主要集中于具体形态的设计和安排，但是透过这些具体的物质形态所传达出的人文精神，却是城市形象设计的重点和难点所在。当人们站在北京故宫午门外的广场上时，与威尼斯的圣马可广场有着截然不同的感受。前者利用对称的建筑布局以及凝重庄严的尺度感，渲染出古代帝王的威严。坚实的且密不透风的高大城墙组成半围合的空间，塑造了一种紧张和压迫感。这种从表面上看来是基于防御功能考虑的空间模式，实际上，传达出了特定的中国古典文化的精神内涵（图29、图30）。莱斯特·柯林斯认为，传统上，西方一贯关心空间的围合——无论在结构上还是在形式上。相反，东方更多地关心围合空间的特性，及其对感受这些空间的人在智慧和情绪上的影响。[4] 从这种观点可以看出，建筑及空间的设计对于表达城市的不同文化特征会起到至关重要的作

图29
威尼斯圣马可广场的建筑式样
(Trewin Copplestone. Michelangelo. Regency House Publishing Ltd., 2002:8)

图30
紫禁城正门 —— 午门
（紫禁城. 北京：故宫博物院紫禁城出版社，1991）

用。有时候我们很难将这种感受运用数据分析，准确地用形象塑造的手法进行转换。城市空间中的建筑组合和围合所构成的空间均会给人构成一种特有的场所感，它们的形式、大小、尺度、围合程度以及细部的处理，都会表达出城市独有的文化内涵。我们要认识到，在处理建筑及空间时不能只考虑形式特征或符号的运用和转化。更重要的是，要抓住城市所特有的精神内涵，塑造具有城市传统文脉特征的现代城市建筑组合与空间形态。

（3）要充分考虑单体建筑或建筑群与周围环境的关系，力求达到和谐、统一又不失变化的原则。

避免单体的体量过大以及与周围建筑风格的极端冲突，这也是体现城市整体文化风貌的重要条件。我们要认识到，仅靠这些象征着现代化特色标志性建筑的夺目，根本难以摆脱城市形象的趋同现象。试想如果巴黎仅有埃菲尔铁塔等几个标志性建筑，其他的建筑混乱不堪，我们也很难形成对巴黎城市文化的整体认识。与国内崇尚现代化高层建筑不同的是，巴黎市中心仅有的一幢象征着现代主义风格的高层玻璃幕墙建筑，不断地受到了来自市民们的普遍质疑和指责，希望将其拆毁的呼声此起彼伏（图31）。由此看来，要使建筑单体融入整个城市空间环境中，才能使城市文化的特色为人们所感知和接受。任何脱离周围环境和城市传统文化的建筑，无论其形式多么令人震撼，技术多么先进，

图31
巴黎旧城区中唯一的高层现代建筑
(Cameron. Above Paris. Cameron and Company)

终将被验证是错误的。这就意味着，城市建筑与城市空间形态在设计上应进行统筹考虑。城市的多样性特征并不意味着我们可以随心所欲地任由设计师提出不切实际的、不考虑民族文化的建筑形式和空间组织。而那些标榜着"现代化"的极端建筑风格，越来越受到关注城市地域性文化发展学者的强烈谴责。正如安藤忠雄所言，"即使是表现自己的建筑与'周围断绝'关系，也应该用'对立'的形态与用地对话，留下抗争的痕迹"，[5] 提出今后不能像过去那样只重视单体建筑的艺术性，而是要用建设高质量环境的视点来思考设计是最重要的。这一点与肯尼斯·弗兰姆普敦在"批判的地域主义"[6] 中所强调的任何建筑应植根于其存在的场所，并且充分尊重当地的风土性相一致。

2. 街道、标志物、节点、城市边界

除了建筑及空间所传达出的文化属性之外，街道、标志物、节点以及城市边界也体现了重要的城市文化特征。在传统城市肌理中，狭窄的道路体系、代表传统审美取向的城市雕塑和标志性建筑、围合的半封闭以及封闭式广场、明确的城市边界，这一切同样构成了我们对于古典城市的文化记忆。然而，现代都市给人的印象，正如我们所能看到的，则是笔直宽敞的道路和不同空间层次交织的立体交通网络系统、简洁抽象的城市雕塑和造型夸张的建筑单体、超常尺度的开放式广场，以及由高速公路相互交叉串联起来的城市边界。这些是由现代城市的功能需求所决定，同时与现代文明的发展密切相关。这种在不同时期和不同城市中所存在的文化多样性，恰恰也在街道等城市外部形象要素中反映出来。由此可见，街道、标志物、节点、城市边界是构成城市外部形象的主要因素，也对形成城市典型的文化特征具有重要影响（图32）。

一方面，城市形象诸要素受到来自不同地域文化的制约，不同民族的文化背景决定了城市中具体形象的形态特征，不同区域的文化特色也对形象元素构成极大的影响。从街道的尺度和周边建筑所形成的相互关系上，我们能够感受到特定城市的文化内涵。这种尺度关系和形象特征上的差异，传达出不同城市内在的精神气质和文化品位。同时，在艺术审美和文化定位及发展上普遍存在的巨大差别，也使得城市雕塑、标志性建筑、城市广场等形象要素呈现出千差万别的姿态；另一方面，街道、标志物、节点、城市边界等形象特征对形成城市的整体文化特色，同样会具有重要的影响作用。现代城市更新已经将众多大

图 32
巴黎旧城区域保留完好的传统城市肌理
(Cameron. Above Paris. Cameron and Company)

城市的形象元素进行了标准化的改造，这对于不同城市的文化特征产生了极大冲击。在国内的城市建设中，似乎存在着这样一种趋势，越是在现代化进程中开发力度和规模较小的城市，它的文脉特征越是能保存下来，并给人印象深刻。越是现代文明程度较高的大城市，其形象特征越发的模糊和趋同。让我们再反观一下前文曾经提到过的巴黎城市更新，在其旧城区仍然保留着传统的城市肌理，将初访者带回到了20世纪早期甚至更古老的年代，产生出对传统文化的强烈共鸣。更重要的是，在保护和修复的基础之上，与现代元素相结合，形成多样统一的城市环境。既继承了传统文脉，又通过材料的更新和局部的变化，体现出现代化的一面，成为现代城市改造的杰出代表。这就从城市形象的角度，很好地解决了国内城市长期以来难以调和的尖锐矛盾。这一典型形象特色的树立，离不开对于街道尺度、节点特征以及对其他城市形象元素的把握和协调处理。

如何在城市中的街道、标志物、节点和城市边界的形象特征上，反映出内在的文化内涵，成为能否展现城市文化属性的重要依据。我们可以试图通过对以下两个方面内容的关注，使地域性文脉更为凸显出来：

（1）要在特定环境中，为街道、标志物、节点和城市边界创造出尽量丰富的形象特征。

城市是由活动在其中的具有各种职业、各种性格以及多种宗教信仰的人所构成的，不同人群对于城市形象元素必然存在着不同的感受。因此，单一的形象特征必然导致极端乏味的城市环境，且无法满足众多人群的多样性需求。这就要求，不论是街道、标志物，还是节点和城市边界都要尽量展现出多样化的特征。既要传承长久以来形成的传统城市文脉肌理，又要适应现代人的生活需求，对现代文明的发展起到促进作用。由此才能依据不同地域、不同历史文脉的特点构成多样统一的城市形象特色。现在再来看国际主义风格中标准化的城市布局和街道的样式，大多数人已经可以感觉到其与现代人的审美需求和多样性要求不相协调。我们更加期待拥有一个更为富于变化、多元并存的城市形象体系。如同林奇所言，"在这样的城市中，不同的观察者都会发现与自己的眼光相适宜的感性材料，就像有人会记得街道的砖铺路面，有人记忆的却是道路的弧度，还有人印象中的只是沿路一些小的标志物。"[7] 因此，从多角度出发，建立丰富多样的城市形象，会为尽量满足不同人群的要求创造条件。

（2）以历史为线索、以现代文明为背景、以未来发展为目标，为街道、标志物、节点和城市边界构建独特的文化属性。

城市是历史的产物，不论城市在建设历程和规模大小上存在着多大的差异，都有其特定的历史发展脉络。在现代城市更新中，要以深入挖掘城市的历史文脉为前提，对有历史价值的街区和节点予以保留和修缮，对具有传承精神文化内涵有重要影响的标志物进行进一步的完善。同时，在传承的基础上，仍然要对传统街道和节点进行局部更新，对富有传统文化内涵的标志物进行新的诠释，以适应现代生活的需求。从而，使僵化的历史遗产能够体现出现代文明的特征，增添时代活力。仍需指出的是，一味地强调保护历史遗迹，完整再现传统街区风貌的做法；以及完全抛开城市历史文脉，一味地追求现代化的道路标准以及标志物等形象体系的城市建设思想。这两种方式都与现代城市的需求不相适应。我们需要建立一个具有发展潜力的城市环境，在这里，传统文化与现代文明能够得到有机融合，并为未来的发展提供可能性。

3. 人的活动

同时，我们也要注意到，现代城市早已大大丰富了古典城市主要用来防御和进行交易的功能属性，并且以其迅速扩展的巨大规模，不断地吸引着来自各方的不同人群。这些人群的不同文化背景给城市带来了多样的外部形象特征。我们在同一座城市里可以看到，不同历史时期的建筑混合在一起，传统城市肌理与现代都市生活的并置，以及无序混杂的风格样式在同一个地区同时展现。这就是城市，一个极其复杂多样的巨大系统。城市的外部形象是如此的丰富和多样，然而一切关于城市形象的外部表现形式均与其中的人类及其活动所传达出的文化特征密切相关。拉普卜特认为，人类的生活方式是引出文化内涵的重要表现，而其中文化最为具体的表现是人的活动与活动系统。"活动系统的细节导致场景与环境的特质，并为其多样性提供诠释，最终使文化与环境取得联系。"[8]

凯文·林奇曾经提到人在城市设计中的重要性，"城市中移动的元素，尤其是人类及其活动，与静止的物质元素是同等重要的。在场景中我们不仅仅是简单的观察者，我们也成为场景的组成部分。"[9] 这一观点认为，我们有必要在城市形态的研究中充分考虑人的因素，将其作为城市的一个重要组成部分加以分析。人是构成城市文化的重要因素。人们在长久的城市生活中所形成的习惯，以及各民族传统文明在当地民众中的继承和转化，都会给城市带来特有的文化气息。此外，人也是文化得以传播的重要媒介，人们常常会说北京人有着皇城根儿里的一份傲气，上海人则保留着一种十里洋场的西化风气等。这一切体现了不同城市潜在的文化脉络。

城市中的人及其活动对于建立城市的文化特征起到了重要影响，合理地规范城市居民的行为，也是现代城市文化建设的重要体现（图33、图34）。更进一步说，居民在城市活动中所体现出的和谐有序的生活秩序，是构建文明城市环境的基础。那么，如何使城市中人的活动同样反映出城市的文化特色？我们可从以下三个方面加以探讨。这对于建立以满足居民需求为前提的、完整统一的城市文化特征，具有深远的意义。

图 33/ 图 34

建筑师卡拉特拉瓦对于西班牙阿尔科伊广场的改造，利用地下空间的开发拓展了广场新的使用功能

（贝思出版有限公司编.城市景观设计. 吴春蕾等译. 南昌：江西科学技术出版社，2002：74，79）

（1）对历史及现状物质环境予以保护

城市更新应体现为一个渐进的过程，避免大拆大建导致居民情绪上的焦虑，以及对传统邻里关系模式和行为规范的破坏与颠覆。从今天看来，城市居民比以前搬家更为频繁，购置了两套甚至三套商品房，将原先的房屋出租给新的住户。此外，城市的大规模更新建设，推倒了大片旧房屋，也迫使居民不断地由一个区域迁至另一个区域，甚至由一个城市迁至另一个城市。在如此快速的城市变迁中，如何在新的住区营造出家的氛围，以及在原有的区域反映出长期以来形成的文化特征。这些对于恢复城市居民的邻里关系，延续历史形成的有形的城市文化特征，将会具有重要的作用。林奇认为，"在环境发生巨变时，如何保持客观结构和连续感的稳定"是极为重要的，并可通过"保留特定的标志物或是节点，将区域特征的主题单元贯穿到新的结构中去，对道路进行再利用或是暂时保留下来"[10]等手法，延续传统城市形象元素在城市居民心中长期形成的印象，使传统文化得以保留。

（2）对非物质文化遗产的继承和发扬

城市的非物质文化遗产，是以历史形成的城市中特殊的居民活动为基本内容的文化形式。它直接反映了当地居民特有的文化生活，对于展现城市的文化特征具有极大的帮助。联合国教科文组织指出，"非物质文化遗产"指的是被各群体、团体、有时为个人视为文化遗产的各种实践、表演、表现形式、知识和技能，以及实物、工艺品和文化场所等形式。它的意义在于"使特定文化群体自己具有认同感和历史感"，同时，"对这种民俗文化的保护不是消极地保存某些遗物，而是积极地创新发展，从而促进文化的多样性。"[11]正是这种文化的多样性，使得不同群体的人们能够寻找到不同类型的文化归属感，极大地丰富了城市居民的文化生活。这种介乎于有形与无形之间的城市文化元素，成为引导人们进行文化活动的推进器，反映出城市特有的、潜在的、极富活力的文化内涵。

（3）对不同民族特定精神内涵的延续

人们的生活习惯是长久以来在大量的城市活动中逐渐形成的，具有极强的地域性文脉特征，并且传达着本民族特定的精神内涵。在不同的城市中，不同民族所具有某种共性的内在精神气质，往往给人留下深刻的印象。这种几乎是完全无形的精神特质，映射出城市中独有的文化属性，它也是展现城市不同文化风貌的潜在因素。例如，法国人的浪漫、意大利人的闲散以及日本人的洗练，这一切对构成城市或民族的整体文化特征起到了重要的影响。对于不同民族特定精神内涵的继承和延续，将会有助于挖掘城市文化中更深层次的地域文化根源，传承本民族特有的精神气质和文化意蕴。

注释：

［1］（日）安藤忠雄：《安藤忠雄论建筑》，白林译，第195页，中国建筑工业出版社，2002。

［2］（英）罗杰·斯克鲁顿：《建筑美学》，刘先觉译，第41页，中国建筑工业出版社，2003。

［3］同［1］，第59页。

［4］（美）约翰·O·西蒙兹：《景观设计学：场地规划与设计手册》，俞孔坚等译，第376页，中国建筑工业出版社，2000。

［5］同［1］，第52页。

［6］（美）肯尼斯·弗兰姆普敦：《现代建筑：一部批判的历史》，张钦楠等译，第354页，北京三联书店，2004。

［7］（美）凯文·林奇：《城市意象》，方益萍，何晓军译，第84页，华夏出版社，2001。

［8］（美）阿摩斯·拉普卜特：《文化特征与建筑设计》，常青等译，第46页，中国建筑工业出版社，2004。

［9］（美）凯文·林奇：《城市意象》，方益萍，何晓军译，第1页，华夏出版社，2001。

［10］同［7］，第85页。

［11］高小康：《双三角：都市发展与非物质文化遗产》，《城市文化评论：第1卷》，高小康主编，第23-24页，上海三联书店，2006。

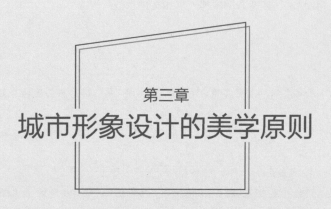

第三章

城市形象设计的美学原则

唯一可操作的规则是相信你的眼睛
而不是一纸清单。……（城市的）
总体设计依然是一种艺术，不是由
各部分组合而成的科学。

————凯文·林奇

一、城市形象艺术

　　城市形象是以探讨城市内部可辨析的形态元素及其内涵为主要内容的城市研究课题，它是通过物质形态塑造建立城市视觉形象体系的。由于城市形象设计主要是对城市中各种形态元素的协调处理和合理安排，所以，可以将城市形象建构视为一门城市空间中的造型艺术。这一思想在现代城市研究中已经能够得到多数人的认可，成为判断城市建设好坏的标准之一。但是，如何建构艺术化的城市空间，呈现出城市形象的整体艺术风貌？对于这些问题的深入探讨却较少涉及。学者中普遍认为艺术化的形象特征并不是解决城市问题的根本所在，对于城市表象形式的研究也会经常招致极端形式主义的错误。所以他们将重点放到合理解决城市社会问题以及城市经济等问题的关注上，期望能够找到问题产生的根源，从本质上寻求根治的良方。这一观点的确在为城市创造合理的功能布局、解决居民的普遍性需求方面发挥着重要的作用。然而，城市的艺术形象与功能并非无法调和。能否在两者之间建立起一种沟通的桥梁，成为未来城市更新的重要切入点。从城市现象的表象入手探寻其艺术表现方式同样具有非凡的意义，作为合理规划的补充，结合多视角思考的城市形象艺术原则为建立城市的视觉美学特征将会发挥极其重要的作用。

　　如上所述，对于城市形象艺术建构的理解还存在着某种误区，我们能够逐渐认识到，任何单一角度解决城市问题的方案都将以失败告终。将形象设计仅仅作为艺术形式的创造和表现仍然是十分片面和错误的，艺术建构并不等同于形式至上，它必然要求与所处的环境和居民的生活需求相符合，从而避免重蹈形式主义的覆辙。因此，单纯从艺术建构的立场来看城市形象设计其理论是无法立足的，城市艺术的体现正是在现实生活中逐渐展开和发展的，它与实际的功能需求紧密结合。在论及城市美的创造中，吉伯德指出，城市的艺术特征与风景绘画恰恰相反，风景绘画是汲取了大自然的精华，而城市艺术则是体现为把美的精华重新嵌入到大自然中去。由此可见，城市形象的艺术特征应与所处的环境协调统一，展现出形式美与功能和内涵的完美结合（图35）。正如科尔森所言，设计城市的过程"既是城市的艺术也是记录物质环境的科学。"[1]

在城市形象艺术的建构中，应把握好整体与局部以及局部与局部之间的关系，使不同元素的空间尺度、材质肌理、形态变化以及色彩搭配形成一种和谐的关系。既有对比，又有统一，在尽量创造出的丰富变化中寻求一种整体的平衡。将城市与艺术相联系，总是让人回忆起古典城市的面貌。在极其漫长的城市建设历程中，古典城市往往依赖于长期的自然生长形成城市格局和形象特征，不断变化的空间中利用了大量的雕塑作品和装饰细节展现出一幅幅生动的艺术画面。这在文艺复兴时期的城市中表现得尤为突出，古典雕塑与城市空间

图 35
建于 1191 年的瑞士伯恩仍然延续着传统的城市面貌
(Spiro Kostof. The City Shaped:
Urban Patterns and Meanings
through History. Thames &
Hudson Ltd., 1991:119)

的结合、不同空间层次的展开和变化、建筑细部的雕饰，这一切使得城市外部形象既具有变化丰富且布局合理的空间格局，又充满浓厚的艺术特质（图36）。即使是在以严谨的等级观念作为空间结构布局依据的中国传统城市中，仍然能够感受到某种特有的艺术气质。究其原因，可以认为这与城市中建筑等形象元素的细部特征以及透过空间等外部形象所传递出的深层文化内涵密切相关。面对现代城市的建设，虽然与古典城市相比具有更为快速和多元的特点，但仍然可以反映出某种艺术潜质。人类的审美取向在长期的演进过程中也产生了较大的变化，从欣赏古典写实风格逐渐过渡到对于抽象元素等多元风格的理解和鉴赏，因此完全沿袭古典城市艺术的传统已经不能符合时代发展的潮流。那么，如何在现代城市的标准化建设中，仍然延续和发展传统城市形象艺术的丰富感受呢？对于这一问题的回答，我们只能留待今后在城市更新实践中作更进一步的探讨。但是有一点可以明确，单靠增加艺术品的数量还远远不够，我

图 36
罗马圣·彼得大教堂建筑呈现出浓厚的古典艺术特质
(Trewin Copplestone.
Michelangelo. Regency House
Publishing Ltd., 2002:172)

图 37
意大利古比奥的传统城市布局与形象传达着古典城市的艺术品质
(Spiro Kostof. The City Shaped: Urban Patterns and Meanings Through History. Thames & Hudson Ltd.,1991:67)

们更加期待一个充满完美细节、讲求艺术质量、多样统一的、整体且精致的城市空间。城市形象艺术的建构正是在于对城市整体与局部和局部与局部之间的关系以及不同形象元素特征所进行的协调处理和艺术创造，以此建立起城市特有的形象体系和审美感受。

城市形象艺术是一个较为抽象的概念，我们很难用一句话将它表达清楚。然而，其内在本质所展现的内容常常是通过不同的具体形式体现出来的（图37、图38）。恰恰是通过这些表象的形式特征，城市才能传达出形态各异、特色鲜明的艺术建构原则。这就为城市形象艺术的研究提供了两条线索：一是内容；二是形式。正是内容与形式的结合构成了城市特有的艺术特征。城市形象的内容包含了城市内在的功能属性和精神气质，而外在形式则构成了城市的整体风貌。后者是展现城市形象艺术最为直观的表现手段，与造型艺术的美学建构息息相关。城市形象的构成要素是反映城市艺术风貌的主要表现形式，其不同的构成和组合关系成为感受城市最重要的视觉元素。建立城市建筑和空间组织以及其他构成要素的艺术特征，是完成城市艺术形象建设的典型手段。此

图 38
故宫的中和殿是太和殿举行
大典时皇帝休息的地方，其
建筑样式与布局独具风格
（故宫. 北京: 故宫博物院
紫禁城出版社，1990: 16）

外，要形成城市的整体艺术特色，各形象要素之间相互的协调关系也是必不可
少的重要条件之一。作为一种艺术表现形式，城市形象研究与美学理论密切相
关。可以通过美学中对于艺术作品的外在形式以及内在意蕴的阐述和分析，引
导出如何建构城市形象的艺术美感和适应观察者的心理需求的普遍规律。

注释:

[1]（美）科尔森:《大规划: 城市设计的魅惑和荒诞》，游宏滔等译，第89页，中国建筑
　　工业出版社，2005。

二、城市形象的美感建构

从古至今，人们对于美的追求从未停止过。从艺术作品到工程设计，再到环境空间营造，人类无时无刻不在为自己的物质和精神生活增添美的享受。在城市建造的过程中，我们也逐渐意识到，仅仅依靠合理地解决居民的简单生活需求，在现代城市中已远远不够，人们还需要更高层次的精神生活品质和美的城市环境。如何在城市更新中，体现出美的城市形态和激发观赏者愉悦的心理感受，也成为城市形象塑造的重要目标之一（图39）。

美学所包含的内容相当广泛，不同的理论家对美学有着不同的定义。我们可以将美学的定义简要归纳为："美学是对直接经验及其对象的研究。作为一门专门科学，或是从外部观察它，概念性地进行描述；或是从内部感觉它，直观地予以报道。"[1] 由此可见，美学包含了外部观察和内部感受两个层面的内容，它是外部形象和内在意蕴的统一体。"美学"一词源自希腊文aisthesis，意指感觉认知，最早由德国哲学家鲍姆加登于18世纪中期提出，是用来强调艺术经验是人类认知自然和艺术作品的媒介。在关于美学的众多理论研究中，普遍存在着"哲学的美学"和"科学的美学"之间的差别。哲学家往往将美学看作是一种艺术批评的哲学，以康德为代表，认为审美价值是一种由人类感情激发的特殊的愉悦感受，艺术的产生来源于对事物的直观表现，强调人类直觉的重要性。并且指出对象之所以是美的，其主要原因在于它的形式能够引起人们想象和理解之间的一种和谐的相互影响；而科学美学家则将美学当作一门科学，通过实验和分析总结得出美的普遍意义。科学美学涉及能够由科学经验法归纳出的一般规律。以实验美学理论为例，它是通过对大量的受测者进行测试的方式，使他们选择出最喜爱的颜色以及描绘对艺术作品感受最恰当的词汇，来系统地分析其结果数据，从而得出色彩、形状等美的先后顺序。这一理论与康德强调非科学

图39
古典建筑总是具有丰富的细部特征和良好的整体艺术效果
（王豪 摄）

方式探讨美的本质的思想具有相辅相成的关系，他们都对美学的发展做出了积极贡献。美学，通常被认为是"研究美以及人对美的感受和创造的一般规律的学科。"[2] 由此可见，美学主要包括探讨美的本质与特征、美的创造的一般规律以及人的审美感受三个方面的内容。而后两者构成了研究城市形象美的主要入手点。

美感，正如前人所言，"口之于味也，有同耆焉；耳之于声也，有同听焉；目之于色也，有同美焉"[3]，具有某种规律性或共同性。对于城市形象的美感建构来说，与美学中如何创造美的一般规律紧密相关。通常可以认为，城市形象美的创建主要包含内容和外在形式两个方面的统一。

1. 城市形象美的内容

在城市形象美的创造中，所传达出的内容和意蕴是城市形象建构的核心，也是体现城市中"美的理想"的更深层次内涵的关键所在。康德认为，"美的理想"不是"纯粹美"（纯粹的形式美）而是"依存美"。所谓"依存美"，即是指依存于一定概念的有条件的美，它具有可认识的内容意义，从而有知性概念和目的可寻。[4] 同时指出，创造艺术美的本质就在于"无目的的合目的性"。也就是说，艺术品不一定明确地说明它的目的是什么，但是在其中你总能感受到一定的目的性。依据这一观点可以看出，在艺术创作中，不应简单地将某些理性概念和内容加上形象的外衣，而恰恰是应该将形式表现趋向于某种非确定的、潜在的内涵和意蕴，表达出深层的思想内容。这种强调内在意蕴和感情抒发重要性的理念，在东方人的美学观里面，一直是十分推崇和竭力倡导的。"言有尽而意无穷"、"意在笔先，神余言外"，这些都流露出传统艺术创作对于内容的关注。可以看出，在中国传统艺术作品的创作中，更为重视对于内在情感和"美的理想"的抒发与表现，将艺术作品所能传达出的精神意蕴上升为一种更高层次的艺术标准，在表象形式中，细细品味其中暗藏的神韵和气质，使之成为美感建构的精髓。由此可见，无论在东、西方的美学思想中，都将内容作为创造美的首要条件，同时又普遍认为应是形象美所表达的精华。鉴于城市形象美的建立与美学中美感创造的一般规律的密切联系，我们可以认为，透过城市的表象特征所能衍生出的精神内涵也是缔造城市形象美感的首要因素，应当作为美感建构的中心环节加以思考（图40）。

那么，在城市形象建设中，如何才能更好地协调形式与内容之间的关系，反映出城市形象美的内涵和意蕴呢？可以试图通过对以下两个层面内容的关注，来挖掘城市表象中潜在的思想内涵。

（1）内容先于形式

内容与形式两者之间的统一与协调，是展现城市美的重要条件。而内容往往起到决定作用，它是外在形式的内在反映，体现了深层次的精神内涵。因此，面对日益复杂的城市环境，应将内容作为城市形象设计的首要因素加以考虑，然后再进行形式创造，力求使外在形式能够使人产生某种非确定的内在精神气质与内涵的联想和憧憬。这其中，需尽量避免简单的形象再现，回避直白的摹拟和无创意的转换，要尽量在形式表现上为观察者创造出丰富的想象和对内在"美的理想"的情感抒发，将美的形式放入更为广泛的联想当中去，重点展现其内容和意义（图41）。这种透过形式本身所传达出的内在意蕴和内容，对于城市美的表达尤为重要。它往往不能完全依靠逻辑推理，而似乎更趋向于一种直观地把握，在感受中不断完善对于美的理解。这正是中国传统美学与西

图40
高迪创作的米拉公寓拥有独特的形象特征
（王豪　摄）

图41
建筑师包赞巴克设计的巴黎音乐城拥有音乐般的平面形式布局（1984-1990）
(Wolfgang Amsoneit.
Contemporary European
Architects. Benedikt Taschen,
1994: 109)

方的系统逻辑评价方式的不同之处。正如李泽厚所言，中国艺术的特点正是在于"抽象具象之间，表现再现同体"，即形成一种"想象的真实大于感觉的真实"[5]。这在中国传统的书法和绘画中表现得尤为突出，通过一种介乎于抽象与具象之间、表现与再现相交融的表达方式，传递给观者更为深远的精神内容，拓展出广阔的想象空间。与传统艺术相类似，城市形象美的建设也应该以展现内在精神内容为出发点，给不同人群带来丰富多彩的美的感受和体验。

（2）形式依附内容

同时，形式的创造应以特定的内容为依据，充分表达潜在的精神特质。在大多数情况下，形式创造离不开内容的约束，即使是在以形式变化为出发点的成功案例中，仍然不难发现，其内容的体现常常居于主导地位。如何解决内容与形式之间的关系，给观者带来深刻的精神体验和产生某种非确定的思想内涵，也成为判断一个城市甚或一件艺术作品成功与否的重要因素之一。不同的内容总是与不同的形式相匹配，甚至在表现同一内容或意蕴的方法上，仍然存在着各种各样的形式。既可以用具象的形式来表现，也可以用抽象的形式来表达；既可以简洁质朴，又可以复杂多变；既可以庄重典雅，又可以绚丽夸张。特定的内容并不一定代表某种特定的形式，它常常在不同的创作者手中呈现出截然不同的外部形象特征。但是，不论表现手段如何千差万别、形象面貌何等风格迥异，总有一种形式能够达到与内容的和谐和统一。当这样的契合点被设计者寻找到，并且准确地表达给观者，那么就可以说，内容与形式达到了一种协调一致的关系。

2. 城市形象美的外在形式

如上文所言，城市形象的内容层面在城市建设中居于重要地位，它是体现不同城市内在精神气质的主导元素。但是，即使是再丰富的内涵和意蕴，也仍然需要通过具象或抽象的外在形式展现出来，使形式与内容相统一。因此，论及城市形象的美感建构离不开对于外在形式因素之间相互关系的研究（图42）。这在一定程度上，与美学中形式美的普遍规律有着紧密的联系。人类在对于形式美的探寻过程中，不仅熟悉和掌握了不同形式因素的特征和规律，而且还对各因素之间的相互关系加以思考，逐步总结和归纳出关于形式美的一般法则。黑格尔在《美学》中将美的外在形式的表现规律归纳为："整齐一律、平衡对称、符合规律、和谐"以及"感性材料的统一"[6]。即是指外部的抽

图42
巴塞罗那的古典艺术灯具成
为城市中的亮点
（王豪　摄）

象形式所具有的一致性和同一性、统一和秩序、相互依存以及各因素的协调一致的关系，并由此引发出美的体验的一般规律。在城市外部形象的创造中，各构成元素之间如何通过视觉上的统一与变化建构起一种和谐的美感，且与其内容相适应，将会成为展现城市形象美的重要途径。

　　城市形象的外在表现形式固然繁杂多变，但在美感建构的普遍性意义上同样应具有某种规律可循。

　　（1）形式与形式之间的对比与统一

　　可以将形式与形式之间的相互关系看作城市中构成外在形式美的主要因素。在探寻形式美的法则中，我们把形式之间的协调关系总结为：节奏韵律、对称均衡、比例匀致、多样统一。节奏韵律——其形成既可以包括同一元素的反复出现构成的整齐一致，也可以是不同元素通过某种有序的排列和组合形成的有秩序的连续。它的重要特点在于，使元素在不同的时间和空间中按照某种秩序组织起来，形成一种和谐的韵律。就像音乐中特定的节奏给人带来美的享受一样，城市形象外在形式之间的节奏和韵律也能产生视觉上的美好感受。对称均衡——是通过形式上的对称处理形成的协调关系。这种对称不仅存在于相同质量的元素以某一轴线为中心的对应排列，而更重要的则是体现在不同数量规模和体积形态的元素之间通过协调处理构成的某种均衡的关系。比例匀致——指的是不同元素之间以及同一元素的不同局部之间在比例尺度上的匀称关系。良好的比例对于形成某一事物美的视觉感受将会起到重要的作用。多样统一——是在变化中求统一。客观事物均是由多种因素构成的整体，城市形象更是如此，它的构成体现了多种事物以及元素的组合，在其间存在着对比、调和、动静、聚散等极为复杂的关系。多样统一是在事物复杂的矛盾中建立起一种既丰富又协调、既统一又不失变化的相互关系，从而形成和谐的整体。有学者认为可以将"多样统一"作为形式美的基本法则，它是形式美法则的高级形式。[7]

（2）形式与周围环境的平衡与和谐

城市形态总是与它所处的环境密切相关，吉伯德曾经将城市与其所处环境的良好关系归纳为萃取、依从、延伸、几何形对比和强调。并且指出，城市美的特征表现为与自然条件相呼应以及城市的文雅特征。[8]萃取，是从周围环境中提取某种有地域特色的元素加以利用，作为形式创造和材料选择的主要依据，从而使形象特征达到与背景环境的协调一致；依从，则是以自然环境为基础，使形式特征与自然条件和地形相符合，充分体现出对自然美的憧憬；延伸，城市景色与大自然的结合和互补是现代城市与环境寻求一种平衡关系的体现，自然景色与构筑物之间通过相互渗透和延伸，构成了一种和谐的景象；几何形对比，不论是自然形态的构筑物还是纯几何形的现代城市形象，都能形成与环境的统一关系，巧妙的几何形布局与自然形态利用对比关系，也可以突出形式特征，展现现代城市风貌；强调，即是通过体量和形式的变化手段，既可以突出现代城市形象，也可以强调城市自然美的特征。由此可见，城市形象可以通过与周边自然环境的协调、对比以及强调等处理手段，达到城市与自然环境的和谐关系。这种和谐关系是体现城市美的基本需要，也是展现城市文明程度的重要标志。

注释：

[1] 引自《简明不列颠百科全书》[5]，第803页。

[2] 刘叔成等：《美学基本原理》，第10页，上海人民出版社，1984。

[3]《孟子·告子上》。

[4] 李泽厚：《美学旧作集》，第406页，天津社会科学院出版社，2002。

[5] 同[4]，第465页。

[6]（德）黑格尔：《美学》（第一卷），朱光潜译，第315，320页，商务印书馆，1979（2006重印）。

[7] 杨辛、甘霖：《美学原理》，第169页，北京大学出版社，1993。

[8]（英）F·吉伯德：《市镇设计》，程里尧译，第22～26页，中国建筑工业出版社，1983。

三、审美心理与城市形象设计

　　城市形象美的建立不仅需要对各元素以及它们之间的相互关系作深入的探讨，而且还要对人们感受城市的审美心理加以分析。"一个场所的感觉质量是它的形态与观赏者之间的相互作用"。[1]了解人们的审美心理过程，将会有助于在城市空间中对于形象美的创造，使美的特征能够更好地为外部观察者所感知和引起共鸣。人们对于美好事物的感知和体验过程，从某种程度上来说具有一定的规律性。在美学中，对于审美感受的研究是其中的一项重要环节。美学中所提出的"审美经验"就是指"人们欣赏着美的自然、艺术品和其他人类产品时，所产生出的一种愉快的心理体验。这种心理体验是人的内在心理生活与审美对象（其表面形态和深刻含义）之间交流或相互作用后的结果。"[2]

　　审美的过程反映出审美对象与观察者之间所产生的互动与交流，它有别于普通的认识活动，在对事物外部形态和特征的集中注意中，通过形象感知与内心思想所产生的彼此交流和碰撞，从而使内在情感得到抒发引发出愉悦的心理感受。李泽厚将审美四要素总结为"情感、想象、理解、感知"[3]。李泽厚认为，在审美过程中这四个要素不可分离，并且指出，感知中没有理解，最多不过是一种动物性的信号反映；想象中没有情感，想象便失去了动力；情感中没有理解，情感则失去了方向和规范；理解若没有情感，思想就成了外在形式。由此可见，在审美的过程中审美四要素是相互渗透、彼此融合，而并不是各自分离、相互独立的。"审美经验"的特点正是在于当观察者将注意力放到某一具有和谐美感的审美对象上时，内在的四要素进行了积极的整合，使外界的形式和结构演化成一种富有生命的东西，同时这种具有生命力的结构又会促进观察者内心的情感体验，产生出美的愉悦与享受。正如同一件好的艺术作品所能激发出的美好的内心感受，这种审美过程的心理体验使得美的事物与观察者之间建立了沟通的桥梁，从而不断地丰富和提高人们的精神世界。

美学中的"审美经验"是将人的心理研究与外部形象创造相结合的产物，对于形成城市形象美的整体感受同样具有重要的意义。人们对于美好事物的体验普遍经历了一个动态的过程，从未知状态通过感知逐渐发展到使美的感受在内心产生心灵的共鸣，这一过程或长或短，但同样存在着某种潜在的规律可循。我们可以将城市中对于外部形象的审美过程粗略地分为三个阶段，以此作为研究城市形象设计和建立美的情感体验的主要依据，从审美心理的角度对城市形象作更进一步的探讨。

1. 城市形象审美的初始阶段（审美注意的形成）

人们对于美的认知总是从无到有、从未知到熟识。在形成这一转变之前，首先要对美的事物引起注意，这便构成了审美的初始阶段。在此阶段，人的注意力完全集中于审美对象，并被其外部特征所吸引，产生了极大的兴趣和要求进一步探知的期待。这一阶段形成了对美的事物感知的第一印象。这种"审美注意"的形成，与事物的外部形象特征息息相关。丹纳认为，"艺术品的目的是使一个显著的特征居于支配一切的地位。因此，一件作品越接近这个目的越完善，换句话说，作品把我们提出的条件完成得越正确越完全，占的地位就越高。"[4] 这一观点指出，能否建立艺术作品的典型特征是其成功与否的关键。对于城市形象的审美过程来说，亦不例外。在初始阶段中，如何使形象特征具有某种唯一性和独创性，成为城市形象元素引起人们注意并且能够产生深刻印象的主要手段之一。和谐匀致的形态以及材质肌理的变化也是产生"审美注意"的重要条件。此外，还可通过一些处理手段加强城市中的形象特征，例如轴线的转换、对景与借景的效果、高低错落的变化等（图43、图44）。初始阶段的形成让我们想起了中国古典园林中不同景致的转换：通过园路的曲折和高低变化以及植物的遮挡形成"曲径通幽"、"步移景换"的视觉效果，借助"幛景"的手法使观览者在预定的动线上不断产生"审美注意"，从而激发出对美的进一步探寻（图45）。

2. 城市形象审美的高潮阶段（感知与精神的愉悦）

这一阶段是形成"审美知觉"和"审美认识"的重要阶段。在美学中有学

图43
锡耶纳坎波广场以及不同视点的对景效果
(Giovanni Fanelli/Francesco Trivisonno. Citta Antica in Toscana, 1982: 92、93)

图44

者将此阶段分为两个主要环节：一是审美知觉以及由这种知觉活动造成的感性上的愉快；二是审美的特殊认识（情感、想象和理解等共同展开）以及由这种认识造成的精神上的愉快。[5] 在此阶段，人由于对审美对象发生的浓厚兴趣使得对象从形式上对人的感官产生强有力的刺激，构成独特的知觉体验，从而引起一种感性的愉快。这种"审美知觉"的形成，在城市形象上则反映为对可感知的不同形状、色彩、空间转换、光影、肌理等元素，以及透过形象特征所传达出的内在张力和和谐关系的直观感受，在深刻体验这些表象的基础上产生出美的愉悦。在完成"审美知觉"的基础上人便可以形成"审美认识"，这也是审美高潮阶段的一个重要表现。经过对表象元素的直观体验之后，人们开始细细品味和进一步审视审美对象的特征，逐渐将美的元素与不美的部分剥离开，形成对对象较为完整的"审美认识"，带来精神上的畅快和愉悦（图46）。对于城市形象的审美过程来说，由直观感知发展到进一步的感官认识，也将帮助我们逐渐理清繁杂的表象元素，去搜寻美的和和谐的城市形象。正是在这种知觉感知与感性认识相结合的过程中，人们才能达到对美的更进一步体验。正如斯克鲁顿所言，"美的感受和理性了解间的依存关系是所有艺术表现的特征。"[6]

图 45
紫禁城御花园堆秀山，中国
园林的精髓正是在于"巧于
因借、精在体宜"
（紫禁城. 北京：故宫博物
院紫禁城出版社，1991）

图 46
由建筑师帕拉第奥设计的维
琴察长方形大教堂（1549），
具有艺术化的造型和尺度，
是意大利文艺复兴时期的
杰作

(Trewin Copplestone.
Michelangelo. Regency House
Publishing Ltd., 2002:152)

3. 城市形象审美的感悟阶段（形象美感的升华）

在经过了以上两个阶段的过程之后，人们对于美的对象有了初步的认识，并且在人的内心产生了一定的心理效应。最直接的效应表现为"审美判断"，即由人的理性对于眼前的事物是否符合美的标准和规律所做出的主观判断；以及由"审美判断"引发的"审美欲望"，即在判断的基础上形成的情感表现。"审美欲望"不同于普通的认知，它是在感知的基础上通过对于美的进一步认识和理解，从情感的角度形成对于美的对象的记忆和心理经验，为今后创造美的特征奠定了基础。此外，除了直接的效果之外还会产生出某种间接效应。这种间接效应则是表现为可以丰富人们的情感生活和提高审美鉴赏力。这两种效应构成了审美的感悟阶段。这一感悟阶段是城市形象审美由感知向理性发展的重要过程，它将形象元素的知觉和认识上升为一种情感和理性的表现，对于提升和发展关于美的鉴赏力以及建构其理论体系具有深远的意义。在将城市中的美感体验升华为一种美的情感以及美的理想的同时，仍然要认识到美的特征还具有一定的社会性。丹纳认为，许多完美的作品都表现一个时代一个种族的主要特征；而一部分作品除了时代与种族之外，还表现几乎为人类各个集团所共有的感情与典型。[7] 这种社会性的体现展示了城市形象美的普遍性意义（图47、图48）。透过形象的表象形式所传递出的美感特征，既可以代表某一民族或社会的审美趣味和审美标准，也可以反映出人类对于美的创造和理想的一般规律。

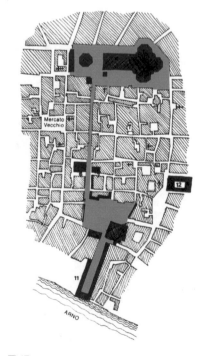

图 47
佛罗伦萨西格诺利亚广场及周边地区的改造
(Leonardo Benevolo. Histoire de la ville, 1983: 238)

图 48
西格诺利亚广场上的著名雕塑作品
(Trewin Copplestone.
Michelangelo. Regency House
Publishing Ltd., 2002:174)

以上三个过程可以被认为是人们感知城市形象美的主要历程，它们依据时间的先后顺序展现了人类审美的心理结构，同时这一结构又反过来推动和指导形象建构的进一步展开和完善。正是在这一交互作用中城市形象美的创造才得以顺利进行。

注释:

[1]（美）凯文·林奇、加里·海克:《总体设计》，黄富厢等译，第159页，中国建筑工业出版社，1999。

[2]滕守尧:《审美心理描述》，第1页，四川人民出版社，1998。

[3]李泽厚:《美学旧作集》，第10页，天津社会科学院出版社，2002。

[4]（法）丹纳:《艺术哲学》，傅雷译，第345页，人民文学出版社，1963（1997重印）。

[5]同[2]，第77页。

[6]（英）罗杰·斯克鲁顿:《建筑美学》，刘先觉译，第67页，中国建筑工业出版社，2003。

[7]同[4]，第363页。

第四章
城市形象的空间秩序创建

视觉，具有空间感受的实质，是所有建筑效果赖以产生的基础；它也应该是解决城市建设中的所有矛盾因素的基础。

——卡米诺·西特

一、城市形象设计的视觉秩序原则

视觉秩序原则是展现城市空间序列及其元素之间相互关系的城市形象建构手段之一，也是体现城市形象美感的基本法则。城市是一个极为复杂的综合体，城市形象亦不例外，它往往包含着不同历史时期、不同风格样式以及不同审美取向的建筑、街道等形象元素。城市形象的建构不仅要符合居民的生活需求和使用功能的要求，更要展现出形象美的特征和和谐的秩序，提高城市的艺术品质。视觉秩序的建立常常依赖于艺术美学原则和审美鉴赏力，它与人类观察城市的直观感受和审美直觉密切相关。有学者曾经指出，"狭义地说，形式美是指构成事物外形的物质材料的自然属性（色、形、声）以及它们的组合规律（如整齐、比例、对称、均衡、反复、节奏、多样的统一等）所呈现出来的审美特征。"[1] 依据这一观点，各形式之间的组合规律对于美感建构的主导作用恰恰反映了不同形象元素之间视觉秩序的重要性，混乱无序的形式终将导致整体性特征的丧失。在这里，探寻城市形象的艺术审美特征和建立和谐的视觉秩序原则才是塑造城市形态美的主要手段。由此可见，城市中良好视觉秩序的建立，对于展现城市的整体艺术美感将会起到重要的作用。

从视觉感知入手来研究城市形象设计具有非凡的意义，它不仅存在于能够通过有序的空间组织和典型形象元素的运用，建立城市独特的形象特征，而且还可以从表象上解决城市形象目前存在的混乱局面，创建出有序的、美的城市环境（图49、图50）。在这里，从观察者和体验者的角度建立良好的视觉秩序，体现出多样统一的城市面貌，成为城市形象建设的基本要求。视觉，"物体的影像刺激视网膜所产生的感觉"[2]。从某种意义上来说，在城市形象设计中起到了决定作用。一方面，它是人们感知城市特征的主要媒介，是传递城市美的最直接手段；另一方面，又是形成抽象概念的重要

图 49
华盛顿 18 世纪的规划平面
（1791），以主要建筑物
为核心进行几何化城市布局
(Spiro Kostof. The City Shaped:
Urban Patterns and Meanings
through History. Thames &
Hudson Ltd., 1991: 210)

图 50
华盛顿 19 世纪按照几何
布局形式进行的城市建设
（1892），具有极强的城
市空间秩序
(Spiro Kostof. The City Shaped:
Urban Patterns and Meanings
through History. Thames &
Hudson Ltd., 1991:208)

来源，它将城市表象元素的某种美好的或丑陋的规律性特征提取出来构成内在的视觉经验。

值得注意的是，仅仅依赖单体建筑或建筑群的夸张形态来恢复城市区域魅力和活力的手段，在现在仍然是城市更新的主流。如前所述，吉伯德提出了城市应具有文雅的特征，即城市社会文化所体现的高度文雅的性质。这种文雅特征既包括城市对历史遗迹的保护和保存，也包括城市建筑之间的良好尺度和比例以及相互谦让的特性。同时指出，建筑间的关系应是相互结合而不是力争超过对方，"大量建筑的谦逊表现是城市具有特征的基础"。[3]这一观点说明了建立有序城市环境的重要性。各元素之间不是互相竞争的对手，而是密切配合的伙伴，是有机结合的统一体。西特也曾经提到现代城市建筑之间相互协调的重要性："今天，风格上有着如此之多的偏爱，趣味上有着如此之多的倾向，没有人特别关心相邻建筑物，所以这么做（努力取得必要的协调效果）尤其重要"。并且提出"如果每一个建筑师都过于自信地仅仅追求超过他的同行们的作品，我们怎么能够取得一个统一的、充满艺术性的、完满的广场效果或任何一种有价值的建筑效果呢？"[4]因此，我们并非不可以通过建立标志性建筑来增强城市的典型形象特征，但是要使周围建筑和环境与其相配合，作为它的背景构成相互依托、互相依赖的整体。否则，形态各异、争奇斗艳、彼此竞争的形象元素便可能破坏掉整个城市视觉特征。

在城市形象设计中，应将视觉秩序原则作为建立整体形象特征的主要入手点，以使用者和观察者的视角创建有序的城市环境，才能使某种具有艺术特征的形象体系得以强化（图51、图52）。现在，我们在城市课题的研究中普遍还存在着这样的问题：始终贯彻以科学手段来解决现有问题的原则，过分强调功能主导的作用，造成面对图纸、脱离实际的研究方式，显得过于呆板和生硬。然而，在满足了所设定的功能需求条件下，城市形象却往往不能完全体现出应有的视觉效果和空间秩序，与最初的设想相去甚远。因此，在未来的城市建设中，要将建立城市的视觉秩序作为基本原则，避免简单的功能至上理论。城市形象的建设既包含技术层面，又要体现为和谐统一的视觉艺术整体。同时，仍然要避免形式主义的错误，在探讨城市形象的视觉秩序中，依然要关注城市功能与其他理论的配合。任何单一方式解决城市形象的建设问题，都是徒劳且无效的。在城市形象设计中视觉秩序原则的建立，必须与其他有关城市的研究学

图 51　　　　　　　　　　　　　　　　图 52
巴黎贯穿新旧城区的城市轴线，将老城区与新建区域从空间上联系起来
(Spiro Kostof. The City Shaped: Urban Patterns and Meanings Through History. Thames & Hudson Ltd., 1991:244.
Cameron. Above Paris. Cameron and Company)

科相关联，与城市地理学、城市社会学等相关学科紧密配合，综合运用来自不同领域的理论成果，才能真正完成城市形象的研究工作。

　　总之，在城市形象设计中贯彻视觉秩序原则对于建立整个城市的形象特色具有深远的影响，并可避免由于局部区域未能建立良好秩序导致整个规划的失败。建构视觉秩序原则的优势在于：从视觉形象入手，结合多学科的思考，避免城市趋同现象的进一步深化。以下分别通过对城市形象的理性分析和感性认知两方面的剖析，来探寻城市视觉秩序建立的手段和方法。另外，在视觉秩序原则创建的过程中，两个方面的内容要彼此兼顾、缺一不可。

注释：

[1] 刘叔成等:《美学基本原理》，第75页，上海人民出版社，1984。

[2] 引自《汉语大词典》[10]，第336页。

[3]（英）F·吉伯德:《市镇设计》，程里尧译，第26页，中国建筑工业出版社，1983。

[4]（奥）卡米诺·西特:《城市建设艺术：遵循艺术原则进行城市建设》，仲德崑译，第
　　106、121页，东南大学出版社，1990。

二、视觉秩序的理性建构

　　城市空间中，建立多样有序的空间层次和视觉序列常常有赖于科学的分析手段和逻辑推理的过程。城市形象视觉秩序的创建离不开对于体验者的视觉感受和内在规则的充分解析：怎样的空间形态和规模更加适合观察者体验城市的过程？人类观察事物和感受城市的潜在规律又是什么？如何通过不同的处理手段建立有序的城市环境？……这些问题都有待于在理性和科学的分析中得到进一步解答。

　　那么，如何在城市形象设计中运用科学的分析方式来创建某种形象建构标准呢？以各元素高度和人的合理观察角度之间的关系为例，人的视野形成向上大约30°、向下45°、左右约65°的圆锥形，熟视时则在其中心构成一个夹角为10°的小圆锥形。因此为建立适宜的空间体量和形体之间的有序排列，可以将形象元素的高度与观察者的距离之间的关系视为城市形象设计的主要依据。有实验表明，当人的视点距离与建筑物的高度之比为2（即仰角为27°）时，可以整体地看到建筑。在相邻元素之间同样存在着这样的关系，以相邻元素的间距（D）与高度（H）之间的比例值1为界线，当D/H＜1时，随着比值的减小会形成更加紧迫的感觉；当D/H＞1时，值越大则越有疏远感；而当D/H等于或接近于1时，高度与间距之间构成某种和谐之感。[1]即若想形成城市空间中较为适宜人们观察的高宽比，应尽量将相邻元素的间距和高度控制在1≤D/H≤2的数据之内。以此我们便可以确定城市形象设计中建筑的高度与观察者以及相邻建筑之间的和谐关系，并可由此推算出其他元素之间的相互联系（图53、图54）。

　　城市外部形象元素之间和谐的尺度关系是形成良好视觉秩序的重要条件，不同的尺度决定了空间中不同的围合程度以及人们的视觉感受。若想建立具有一定标志性的城市景观，元素自身的尺度大小和相邻建筑的尺度关系对比同样重要。一幢高大的建筑可以淹没在高楼林立的局部区域之中，然而通过周边建筑的退让以及尺度上的变化也可以使规模并不巨大的建筑凸现出来，给人印象深刻。城市中的尺度关系正是存在于特定的环境之中，与相邻元素的大小以及人的尺度密切相关（图55）。大多数情况下，我们都可以以人的基本尺度和人体工程学的相关知识作为城市形象尺度关系建立的依据。例如：经过实验者的测算，一个人距离我们3～8英尺（0.9～2.4米）远时，与我们的关系是密切的，也就是在普通的谈话距离（8英尺）之内，在此距离内可细致地看清谈话者的面部神态；人们相互之间可区别面部特征的最大距离大约是40英尺（12.2米）；认清一个人的距离最远为80英尺（24.4米）；可辨析身体姿态的最远距离为450英尺（137米）；能看清人存在的最大距离为4000英尺（1219米）。因此可以认为，亲切的城市空间其宽度不大于80英尺（24.4米），较为适宜的空间一般不应大于450英尺（137米）。[2] 城市的外部空间只要超过1英里（1600米）时，就可以说是过大了。[3] 此外，人步行的舒适距离约为300米，大体上可将周边500米的范围作为某一地域人们的活动领域。我们可以依据这些数据来规划外部空间的尺度，适宜的尺度界定也会有助于控制人的视觉体验和形成有序的城市空间。

图53/ 图54
芦原义信绘制的外部空间尺度参考
（芦原义信. 外部空间设计. 尹培桐译. 北京：中国建筑工业出版社，1985：57、58）

图55
紫禁城鸟瞰，在中轴线上不同空间比例与尺度上的变化产生了不同的空间感受效果
（紫禁城. 北京：故宫博物院紫禁城出版社，1991）

同时，在保证不同空间层次之间良好关系的基础上，仍然应该加强城市形象元素的细部建设。细节的处理包含了不同材质、做法以及节点等细部特征之间的各种处理方式，细部的制作工艺和材料变化经常会影响到整体的视觉感受。对于亟待建立良好视觉秩序的城市而言，如何从观察者的视点创建有序的、丰富的细部特征，使城市既能够保证空间布局合理，又有着精致的、多样化且适宜的细节，将会成为反映城市形象设计成败的重要表现（图56）。在城市形象的创建中，面对不同的空间属性怎样通过细部的处理给人带来不同的视觉感受，并且能否利用细节的变化引导人们进行有序的视觉体验呢？日本建筑师芦原义信在论及外部空间的设计时曾经指出，人们在由室外大尺度空间向室内空间过渡时，空间的处理以及材质搭配上也应进行相应的变化。在外部空间，由于空间宽阔应选用较为粗犷且尺度较大的材质；在半外部的空间中，应利用较为人工化的材料以适应逐渐变小的空间尺度；在内部空间，由于有了封闭性则是选用细致美观的材料，以适合人们的近距离观察。[4] 这样便创造出了一种不同功能属性的空间之间有序的视觉体验。同时，他还从不同距离的观察者角度对于城市细部的体验过程作了较为详尽的描述。同一种室外材质在不同的距离给人的感受也会截然不同，距离较远，只会对大面积的色彩、组合韵律和体块引起注意，看不到细部的特征；而距离较近时则完全不同，人们会被材质细部的肌理和处理手段所吸引。因此在城市形象设计中要兼顾不同材质在不同的视角下给人带来的感受，考虑材质处理与观察者之间

图56
传统城市中丰富的城市肌理
(Giovanni Fanelli/Francesco Trivisonno. Citta Antica in Toscana, 1982: 225)

的关系，在不同的距离都应呈现出较好的视觉效果。

自此，我们便可以在混乱的城市表象中寻找到视觉秩序的进一步创建原则，并以科学的分析手段为基础，建立起适合人类观察和体验的城市空间。这一切皆以城市形象的理性建构为依据。

注释：

[1]（日）芦原义信:《外部空间设计》，尹培桐译，第28页，中国建筑工业出版社，1988。

[2]（英）F·吉伯德:《市镇设计》，程里尧译，第28页，中国建筑工业出版社，1983。

[3]同[1]，第54页。

[4]同[1]，第59页。

三、视觉秩序的感性认知

在城市形象的建设过程中除了科学理性的分析方法之外，有时往往还需要依靠设计者的某种审美直觉。"城市环境的视觉评价也是理解和认识的产物——也就是说，我们所感知的是什么刺激，如何感知，我们是怎样处理、翻译和判断所收集的信息，以及它是如何吸引我们的思想和感情的。"[1] 对于这些感性认知心理的研究将会有助于使特定的视觉秩序更为符合居民的需求，创造出更为适宜的空间层次与尺度关系。城市形象与其他的艺术形式不同，它是"唯一真正不可回避的因而也是公共的艺术形式。"正如纳萨尔所言，"在日常活动中，人们必须穿越和体验城市环境的公共部分。……城市的形态和风貌却必须满足更广泛的经常体验它的公众的需要。"[2] 因此对于观察者在特定环境中的感性认知分析，也将成为创建城市良好视觉秩序的关键（图57、图58）。格式塔心理学家曾经提出了如何创造出视觉感受上的和谐和秩序。"格式塔"是由德文Gestalt音译过来的，指的是"完形"的概念，它与英文的form（形式）有着密切的联系。人类视觉对于"美好"形式的诉求，

图57
传统城市的自然形态结构与现代几何化城市布局的对比
(Spiro Kostof. The City Shaped: Urban Patterns and Meanings through History. Thames & Hudson Ltd., 1991:44)

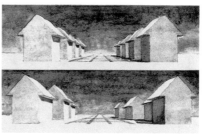

图58
通过空间的退让和局部的变化可产生丰富的视觉效果
(Spiro Kostof. The City Shaped: Urban Patterns and Meanings through History. Thames & Hudson Ltd., 1991: 45)

使得人们在感知事物时形成了某种特定的视觉经验。"按照格式塔心理学，不完全的形，会引起视觉中一种强烈追求完整、追求对称、和谐和简洁的倾向；会激起一股将它'补充'或恢复到应有的'完整'状态的冲动力，从而使知觉的兴奋程度大大提高。"[3] 如何在城市空间中创造出愉悦的心理体验，使人们在精神上得到满足，这也是从感性认知角度探寻建立城市视觉秩序的主要功用。

传统城市的建设中经常依赖于某些个人或团体的审美经验展开局部的更新。这些城市依据直觉经验所形成的城市艺术布局和空间的错落关系，往往带来了亲和的邻里关系和不同的个性风貌，体现出较高的艺术价值。例如文艺复兴时期西方古典城市在建立典型化的建筑及空间时，多数是由艺术家参与进行，米开朗基罗、达芬奇等艺术大师均是这一时期的杰出代表，他们不仅创作了非凡的绘画和雕塑作品，在建筑设计和广场规划中也贡献颇丰。这就使得早期城市的形象呈现出某种有序的、和谐的、艺术化的特点，形成局部区域良好的视觉秩序（图59～图61）。这种城市中和谐秩序的建立与艺术家长期以来形成的卓越的造型能力和审美经验密切相关。在这些城市中，建筑的细节和样式、广场的尺度布局以及艺术品的搭配，都为这种具有美感的城市形象创造奠定了基础，形成了早期城市特有的整体艺术风格。

对于城市形象体系的认知阶段来说，在形成科学的逻辑分析之前，人们也是依靠在形象建设中所形成的特定的直觉经验来进行逐步改造的。人类感知事物的直觉经验是科学理论的来源，只有在不断地体验与摸索中人们才形成目前的城市建设理论。如培根所言，"这种感受的力量在于期待与实现的原理的运用，在于确定时间中感受的韵律和积少成多的感受系列"。[4] 在近代学者的分析中，认为对于同一事物可以有三种不同的认知方式，即"直觉"、"知觉"和"概念"。[5] "直觉"是人类最直接最简单的认知方式，当人们看到某一事物时都会形成最初的直觉，它是一种知形象而不见意义的认知方式；由形象而知意义的认知，则是通常所说的"知觉"，是以形象为对象，与形象本身密不可分；"概念"即是脱离形象本身而抽象化的意义，是超形象而知意义的认知，是对事物认知经验的总结，也是科学形成的基础。这三种认知方式由浅入深，构成了人们感知事物的基本程序。此外，也可将这三种认知方式归纳为"直觉的"和"名理的"两种。"直觉的"认知是对存在着的个别事物的认识；

图 59/ 图 60/ 图 61

佛罗伦萨西格诺利亚广场周
边的空间布局，通过道路将
城市的重要节点联系起来
(Giovanni Fanelli/Francesco
Trivisonno. Citta Antica in
Toscana, 1982:153;
Trewin Copplestone.
Michelangelo. Regency House
Publishing Ltd., 2002:26 ~ 27)

而"名理的"认知则是对事物之间关系的理解。由此可见，直觉可以被认为是人们认识事物的基本手段，也是形成概念和科学分析方法的基础。

因此可以看出，感性认知的研究在城市形象建设中的重要性。它是人们能够感受城市形象的最直观印象，是城市形象设计理论形成的前提，同时也是引导观察者进行城市空间体验的重要依据。良好的视觉秩序同样具有某种普遍性意义。人们总是会对具有和谐的、有序的、匀致的形象元素产生美的感受，此外，透过形式的表象特征经常会传达给观察者某种潜在的意义。正是通过对城市直观的感性认知，才能感受到如同斯克鲁顿所言的建筑物能够为人所感知的某种特殊的意向性，即"建筑艺术好像表现为一种'句法'：建筑的各个部分以一种有意义的方法互相结合起来，它的整体含义将反映和依靠各部分组合的方式。"[6]而这些城市形象秩序和内涵的创造离不开设计者敏锐的洞察力和良好的审美直觉。有时直观体验比科学分析更有说服力，它是城市内部进行有序更新和避免图纸上空谈规划的唯一途径。

注释：

[1]（英）卡莫纳等：《公共场所—城市空间》，冯江等译，第126页，江苏科学技术出版社，2005。

[2] 同[1]，第126页。

[3] 滕守尧：《审美心理描述》，第106页，四川人民出版社，1998。

[4]（美）培根：《城市设计》，黄富厢、朱琪译，第249页，中国建筑工业出版社，2003。

[5] 朱光潜：《文艺心理学》，第2页，安徽教育出版社，2006。

[6]（英）罗杰·斯克鲁顿：《建筑美学》，刘先觉译，第151页，中国建筑工业出版社，2003。

第五章
城市形象设计的地域性特征

一个地方或民族文化的概念是个悖
理命题，不仅因为当前明显存在着
固有文化与普世文明之间的对立，
也是由于所有文化，不论是古老的
还是现代的，其内在发展似乎都依
赖于与其他文化的交融。

——肯尼斯·弗兰姆普敦

一、城市形象的地域性表现

　　不同城市总有与其相适应的地域性特征。我们不可能找到完全相同的两个城市，从自然地理风貌到人文历史脉络，各个城市之间都存在着明显的或细微的差异。城市在漫长的演进过程中，也形成了自身不同的发展脉络和本土文化的传承。基于这一本土环境的影响，城市形象依据各地方微妙的地域差别呈现出风格迥异的特征。比如：伊斯兰建筑风格基于历史传统的装饰细节，将东西方建筑文化巧妙地结合起来，同为人类文明的杰出代表，它与中国传统建筑的木结构体系有着天壤之别，这与长久以来历史形成的地域文化特征存在着密切的联系。同时透过这两种形象体系也传达出了两个不同民族在文化传承和审美取向上的差异。正是受到了这些来自地域文脉的影响，才使得城市之间呈现出颇为多元化的风格面貌，极大地丰富了城市形象的表象特征（图62、图63）。

图62
土耳其伊斯坦布尔在 19 世纪的城市天际线（1844），具有典型的城市形象特征
(Spiro Kostof. The City Shaped: Urban Patterns and Meanings through History. Thames&Hudson Ltd., 1991:299)

图 63
摩洛哥由居民自发形成的建
筑和城市面貌，同样具有统
一的风格特征
(Spiro Kostof. The City Shaped:
Urban Patterns and Meanings
through History. Thames&
Hudson Ltd., 1991:68)

　　然而，现实中的城市则更为复杂。在任何地方或民族的文化中普遍存在着本土文化与世界文明的对立，在所有城市的地域性表现中都或多或少地含有与外来文化的交融。里柯认为，在地域主义与现代文明之间存在着这样的悖论："一方面，它（该民族）应当扎根在过去的土壤，锻造一种民族精神，并且在殖民主义性格面前重新展现这种精神和文化的复兴；然而为了参与现代文明，它又同时必须接受科学的、技术的和政治的理性，而它们又往往要求简单和纯粹地放弃整个文化的过去。"并且建议，"在未来要想维持任何类型的真实的文化，就取决于我们有无能力生成一种有活力的地域文化的形式，同时又在文化和文明两个层次上吸收外来影响。"[1] 现代城市建设中，国际化趋势带来了城市形象的普遍趋同，表现在城市的新建区域，这种趋势则尤为明显（图64）。在经济全球化的过程中，科学技术的发展从某种程度上导致了城市地域文脉的同质化。这种同质化与科技进步和沟通日趋便利密切相关，我们可以在世界的任何一个角落，通过互联网观看到西方发达国家最新的城市建设成果。并且往往以此作为现代城市更新的标准，对众多发展中国家的本土文化构成了极大冲击。与此相反，城市中长期以来形成的不同文化和不同利益的群体形成了多样化的文脉特征，他们自下而上地反映出当地自身的文脉特色。这便产生了一个如上所述的既丰富又矛盾的城市形象，不同风格的符号特征穿插在众多代表着现代科技的高楼大厦之间。在发展中国家这种现象更加显著，是固守传统符号还是全面转向现代风格？是延续着原有生活模式还是以现代模板取而代之？……这些问题在城市建设中反复出现，构成了现代城市形象无法回避的主要矛盾。

的确，城市形象的地域性表现总是与现代文明的冲击相互交融，而这两者间的矛盾反映在当代城市建设中则更为明显。卡斯特认为，"一个社会对其所追求的目标越自觉……它的城市也就越具有自己的特性"。[2] 城市对现代文明的选择越是自觉和主动，对传统的东西能够积极地保护与传承，那么地域性特征就表现得愈发明显；与此相反，被动地全盘接受外来文化，即便是再先进和卓越的文明也未必会有益于本土文化的发展。因此有选择地接受外来文化，取其适合之处，立足于本民族文化的传承与拓展，必将促成地方文化力量的不断发展。正如卡隆尼指出，"地方文化的力量在于它能够把本地域的艺术和批判潜力加以浓缩，同时又对外来影响进行综合和再阐释。"[3] 正是这种成熟的地方文化力量才能使城市形象特征向更为多元的现代文明不断迈进，并不以丧失

图 64
香港的现代城市景象
(Spiro Kostof. The City Shaped: Urban Patterns and Meanings through History. Thames& Hudson Ltd., 1991: 304)

城市的地域性文脉为代价。

在当前的城市形象设计中，要将挖掘和展现城市千差万别的地域性特征作为重点，不断恢复、延续，以至于发展城市形象的本土特征，创造出尽可能符合地域文脉发展的城市风貌。这种以地域文脉研究为基础的城市形象设计，其好处在于：一方面，可以继承城市长久以来形成的传统文化符号和内在精神特质。地域文脉的挖掘和整理将会有助于建立完善的城市形象的地域性特征，传承和延续其精华部分，提炼、总结并延展未来发展的潜力。任何城市不论其历史长短都有某种形象特征与其相对应，这种形象元素或者经由城市漫长的演变过程发展而来，或者从周边的城市吸收过来加以演化，总之所传递出的特定的形象特质都值得我们加以研究；另一方面，使城市形象在延续地域性文脉特征的同时，寻求新的发展以完善现代的功能需要，体现现代化城市风貌。城市在继承历史的同时，又要反映出某种现代城市特征。光靠僵化的继承与保护历史遗存便无法适应现代生活的需求，变成了陈腐过时的古董（图65、图66）。如同林奇在论及不擅改变的环境时所指出的："我们期待这样一个世界，它能在有价值的历史环境中渐进地改变；在这样一个世界，每个人都能在历史的遗迹旁留下自己的印记……为了现在和未来，控制环境变化和积极利用历史遗存，是对神圣历史的更好尊重。"[4]

图65
爱丁堡新旧建筑的结合
（王豪 摄）

图 66
巴黎街头的古典建筑形式与
现代使用功能的结合
（王　豪　摄）

　　总之，城市形象的地域性表现受到来自自身不同历史时期以及外来文化的冲击，有着极为复杂多变的特点。如何剥离开混乱的城市表象寻找到本土文化本质的和根源的东西，并借以延伸和发展力求与现代文明相融合，这一点成为当前城市形象设计所应关注的重要问题。

注释：

［1］（美）肯尼斯·弗兰姆普敦：《现代建筑：一部批判的历史》，张钦楠等译，第354、
　　　355页，北京三联书店，2004。

［2］（西）曼纽尔·卡斯特：《城市意识形态》，王红扬、李祎译，第19页，《国外城市规
　　　划》2006。

［3］同［1］，第364页。

［4］（英）卡莫纳等：《公共场所——城市空间》，冯江等译，第195页，江苏科学技术出
　　　版社，2005。

二、地域主义与城市形象设计

从城市形象的角度看，关注地域主义特征在城市中的反映仍然具有非凡的意义。它是建立城市形象体系的前提，是现代化城市体现其文明程度的重要标志。不同的地域条件也造就了形态各异的城市形象体系，正是基于这种本土文化的差异构成了人类城市独特的、丰富多样的乡土特色。地域主义特征与历史文脉在特定环境下的演变具有密切的联系，从某种程度上也符合了城市居民自身的需求。本土化特征有时也"源自事物应该被这么处理或应该看起来就是这样的一种感觉，因为它们已经被这么处理和看起来这个样子有很多年了。"[1]依据城市居民的普遍心理，某种文化符号经过长期的发展已经构成了一种潜在的形态取向和乡土习惯，甚至成为日常生活组成的要素（图67、图68）。因此，城市形象设计要依据地域文脉的特征进行更为审慎地有序更新，而绝非现代功能的简单匹配。

不难理解，在城市形象设计中加入地域主义的思考，且兼顾长期以来形成的本土文化的延续与发展，将会有利于城市在国际化浪潮中始终保持本地域文脉特征的传承，避免现代文明冲击带来的同质化。弗兰姆普敦曾经指出，强调地域主义者在表现地域性方面是将与场地相关的地形、气候、光线以及不同材料的感受等特殊因素作为创作的前提，而反对"普世文明"试图完全改变现状的做法；同时仍然期待插入一些对本土文化的再阐释，"试图培育一种当代的、面向场所的文化但又（不论是在形式参照或技术的层次上）不变得过于封闭……它倾向于悖论式地创造一种以地域为基础的'世界文化'，并几乎把它作为完成当代实践的一种恰当形式的前提。"[2]由此可见，强调地域主义的城市形象设计不应消极地看待现代文明与乡土文化之间存在的固有矛盾，而是要采取积极的态度，在展现地域文脉的同时使本土文化不断面向未来的发展，与现代化的生活标准相结合。

图 67
苏格兰爱丁堡的传统街区
形式
(Edinburgh(West End), Scotland
From Above. Colin Baxter
Photography Ltd. 2005: 12)

图 68
拉斯维加斯的威尼斯酒店，
利用典型形象符号的再现创
造出新的城市地标
（何樾　摄）

依据以上论述，可以认为地域主义与城市形象设计的关系主要表现在三个方面：

1. 本土特征是城市形象设计的来源

地域文脉应当作为城市形象设计最重要的依据加以充分地挖掘和研究。城市形象设计是以协调处理城市中可感知的形象元素及其相互间的组合关系为主要内容，在各形象元素中，不同的形象特征往往来自于不同的文化背景。对于本土文化的挖掘和整理是城市形象设计的必要前提，在当代的城市更新中这一点显得尤为重要。在传统城市的建造中，一脉相承的建设模式总是能够得到不断的延续和发展。而在现代都市中，由于信息社会的发展以及经济全球化的影响，城市形象特征之庞杂几乎无法给出明确的定义，外来文化的侵入也使得城市在全盘接受的同时又掺杂进了复杂的其他元素。城市形象的混乱同时造成了本土文化的不断缺失。正是在这样的背景下，倡导以地域文脉研究为主要依据的现代城市形象设计成为了主导形象体系建设的主流呼声（图69、图70）。本土特征的研究和拓展已经成为城市改造和更新的必要环节，它为形象特征的完善指明了方向，避免了杂乱无章状况的进一步恶化，从而对于确立城市独特的形象体系具有深远的影响。

图 69/ 图 70
日本寺庙外的"鸟居"和城市中特有的植物配置形成城市独特的形象特征
（王筱竹 摄）

2. 外来文化构成与地域文脉的交融

如上所述，外来文化与地域文脉相交织构成了现代城市的典型特征。我们在城市形象设计中不能简单地再现本土文脉的原貌而对现代文明的影响不予考虑，而是要将继承传统文脉与适应现代需求相结合，创造以地域为基础的当代文化，并与"世界文明"相接轨。外来文化往往对于乡土文化的发展构成了极大的冲击，现代化的标准模式正在改变着曾经有着丰富历史文化的旧城区的天际线。同时由本土发展起来的传统文化形象特征也得到了进一步地发展和演化，构成了与外来文化的交织和融合，使城市呈现出极为丰富的外部形象面貌。成功的城市形象设计必然要兼顾两者之间的协调发展，以地域性文脉为基础，积极地吸纳和融合现代文明的合宜之处，不断适应现代化的生活标准。在将地域性文脉与现代标准进行妥善地结合方面，芬兰建筑师阿尔瓦·阿尔托曾经做出过多个较为杰出的范例（图71）。在现代主义建筑盛行之际，他却依然坚持发展一种"人文主义"原则。即他的设计"建立起既是现代的，又是民族的新有机功能主义风格"[3]。以他设计芬兰的帕伊米奥结核病疗养院等作品为代表，大量运用北欧盛产的木材和红砖等自然材料，将现代功能和本土的传统审美融合起来，完善和发展了本民族的现代建筑风格。在他的建筑中，加工考究的木质材质与丰富多变的现代建筑形态相结合，创造出了一种简洁又富于变化的现代建筑形制，传递出强烈的源自于斯堪的纳维亚地区的本土特征，此外，处理巧妙的空间组织能够很好地与现代需求相结合。

图71
阿尔托设计的伏克塞涅斯卡教堂具有典型的风格
（1956-1959）
（大师系列丛书编辑部. 阿尔瓦·阿尔托的作品与思想. 北京：中国电力出版社，2005：98）

3. 地域主义对城市形象的反作用

　　未充分考虑地域文脉影响的城市形象设计，常常会被当地居民为追求简单的生活需要而改动得面目全非。正如前文所提及柯布西耶的佩萨克住宅所遭遇的改造一样，由于仅从形象自身角度出发未能充分地考虑到与居民生活习惯相匹配，致使最初的设计方案趋于瓦解。毫不夸张地说，不尊重乡土文化的设计随着城市自我意识的觉醒也必将遭受多方的质疑并导致最终的失败。因此，地域主义的反作用构成了对城市形象设计的重要影响。居民有时为了普遍的生活需求而对城市形象进行的改造，经常是造成城市形象混乱的主要原因之一。究其过失，往往与设计者未能统筹考虑居民的使用习惯以及细部设计缺失所造成的功能不合理紧密相关。从而可以看出，此类现象的产生，设计者常负有不可推脱的责任。由此可见，在城市形象设计中要强调以研究城市的地域性特征为基础，不仅要对历史文脉和形象元素做细致的详查，更要对地块的气候条件、自然环境、居民生活、周边的影响做全面的调查和研究，从中寻找到更为适合的形象体系，与当地居民的生活相适应。只有这样才能建立适宜的城市形象特征，并促进地域文脉的延续和发展。

注释：

[1]（美）科尔森：《大规划：城市设计的魅惑和荒诞》，游宏滔等译，第9页，中国建筑工业出版社，2005。

[2]（美）肯尼斯·弗兰姆普敦：《现代建筑：一部批判的历史》，张钦楠等译，第370页，北京三联书店，2004。

[3]王受之：《世界现代建筑史》，第159页，中国建筑工业出版社，1999。

第六章
现代城市形象设计的程序

完美规划的第一步是对人类的想法
和需要做新的详查。

——刘易斯·芒福德

一、现状调查

　　在城市形象设计的过程中，针对复杂的形态要素进行研究，其第一步就是要对基地的现有环境和当地居民的生活习惯做详尽的调查。只有建立在充分调研基础上的设计构思，才能真实地反映城市环境和社会状况，为现实问题寻求解决之道。对场地的分析调查是理论研究的基础，也是形成创意构思的先决条件。不同的地域环境造就了不同的城市形象特征，不同的民族特征也传达着特定的文化风貌，正是基于自然地理环境以及地方文化的影响，才使得不同城市呈现出风格迥异的形象与内涵。只有立足于对不同城市环境的研究和地域文脉的挖掘基础上的城市特色创建，才能构建起适应自然环境条件、符合居民生活习惯、展现地域文化特征的形象系统。

　　现状调查的方法主要包括：现状图纸评析、空间尺度体验、调查问卷编制、历史文脉梳理等。

1. 现状图纸评析

　　现状图纸的识别能力体现了专业设计师的重要技能，它的好处在于，可以比较宏观地掌握基地的形态特征以及现状条件。图纸往往是通过精确的尺寸测绘所得到的最为准确的现状尺度关系图，对它不仅仅要看得懂，更要在头脑中形成一种真实空间的三维体验。感受越真实、尺度把握能力越强，对于设计方案的最终表现就越能符合现状的要求。基地图纸分析是最基本的城市现状研究手段，可以借助"图底分析"方法对建筑与空间展开评析。"图底分析"[1]，即以建筑实体和空间布局为研究对象，利用城市平面图中黑色（实体）与白色（空间）区域的相互关系，寻找城市形态的某种形式法则（图72）。这一方法源自于格式塔心理学，它是通过研究图纸中平面图形之间的相互关系，来探讨城市更进一步的建设目标。"图底分析"对于如何创造出完美统一形状的推敲极为重视，是城市形

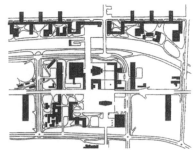

图 72
运用图底分析的方法比较传统城市肌理与现代城市肌理
（卡莫纳等. 公共场所——城市空间. 冯江等译. 南京：江苏科学技术出版社，2005：58）

象设计入手的主要手段，作为有一定城市研究经验或较高空间理解力的设计者来说，这种创作方式有着高效率和整体性的优势。

2. 空间尺度体验

在对陌生的城市空间进行设计之前，需要在此环境中从使用者和观察者的视角进行考察，只有经过切身的体会才能提出有效的解决方案。现有场域在空间结构与形态以及细部特征与尺度上往往存在着某些问题，这也是城市形象设计要展开研究的主要方面。可以借助"序列视景"分析[2]等手段将现有空间的特征和感受加以记录和整理。"序列视景"是从观察者的角度对空间的视觉感知与体会进行记录的方法，是对未知空间进行设计的重要依据。这一体验的过程也是形成初步设计构想的重要阶段，可以通过注记和解析两种方式，将当前存在的主要问题加以图片记录、文字说明和矛盾简析，其中心环节仍然是要通过关注现存城市形象要素的状况以及形式特征，发现并找出这些问题的根源。在特定城市空间中对于形象要素的实地体验，是形成城市有序更新的前提条件，现有建筑群和标志性建筑的特征以及空间尺度的感受是考察的重要对象，要在空间体验时予以重视（图73）。任何仅面对图纸的设计构思都不可能取得令人满意的效果，它必然要以多次实地考察和体验为前提。可以说，对城市形象要素的真实体验，是展开深入设计的基础和必要条件。

图 73
旧城区的改造总是需要建立
在对现有环境的充分调研基
础之上
（王豪　摄）

3. 调查问卷编制

对不同区域居民生活需求的调查，也与城市形象建设有着密切的联系。人的活动是构成城市面貌的主要因素之一，它往往对于形成城市的形象特征有着极大的影响，不符合居民基本生活要求的创意与构思必然会遭受失败的境遇，即使是看起来再好的设计也将遭受到来自本地居民的强烈冲击，使设计构想面目全非。在城市形象研究的初始阶段，既要对现有的人口数量和分布情况做详细的调查，又要对居民的心理需求做出合理的评估。城市形象设计要兼顾到居住人口的数量和不同职业人群的使用需求，否则，超出区域承载极限的居民人数以及日益增加的空间需求，可以导致形象体系的彻底瓦解。因此，可以通过编制一定的问卷对当地居民的使用需求状况和目前存在的普遍问题进行分析和研究，在设计之初即做出相应的考量。例如在国外的部分研究课题中，有的调研除了编制特定问题之外甚至还让居民自己勾画出某一地域未来建设的图景，被称之为"心智地图"[3]。因此，在面对不同区域的居民以及不同文化层次的人群，甚至不同的设计课题时，可以设定出截然不同的问题方式，以达到了解人们心理需求、生活习俗、行为习惯、审美特征、文化记忆等目的。

4. 历史文脉梳理

城市的历史沿革体现了特有的文脉特征，而现有的社会状况则造就了现代文明的发展，如何在形象建构中展现出特定的历史与现代文明的交融，使传统文

图74　　　　　　　　　　　　　　　　图75
如何保持原有城市记忆并拓展出新的使用功能成为伦敦工业厂区改造的立足点
（王豪　摄）

脉不断地得到推进和发展，有赖于在城市形象调研中进行系统的考察与剖析。城市文脉的挖掘对展现城市的地域特色有着不可忽视的作用，应对其所处的地理位置、人口变迁以及自然环境条件展开全面的调查工作。而更为重要的则是要了解基地的起源与发展过程，即确定其历史轨迹和形象演变的历程，将会为城市形象建设中文脉的延续提供帮助。在城市或区域文脉的调查中，要对其社会状况、历史沿革、现代文明程度、居民的文化心理，以及对历史地段的价值做出评估，作为城市形象调研内容的必要补充，城市文脉的研究与梳理对于建立具有深层文化内涵的形象体系具有深远意义（图74、图75）。居民的文化心理状况也反映了不同历史时期人类对城市文明的认识程度，它是城市文脉的主要表现，此外，还要对具有一定历史价值的地段进行保留和再开发，这也是文脉得以传承的载体。考察的目的是将城市发展中不同历史时期的建筑及其他形态元素进行整理，对整体的现状价值进行评估，为保护和更新提供重要的依据。

注释：

[1] 王建国：《城市设计》（第2版），第199页，东南大学出版社，2004。

[2]（英）卡莫纳等：《公共场所——城市空间》，冯江等译，第130页，江苏科学技术出版社，2005。

[3]（英）F·吉伯德：《市镇设计》，程里尧译，第26页，中国建筑工业出版社，1983。

二、策划预研

策划预研,是目前在城市更新中逐渐兴起的一种研究方法,它利用符合当地居民要求并极具创意的构思,提出具有某种前瞻性或纲领性的城市及区域建设目标。在早期的城市设计中,设计构思更多地以满足居民的基本生活需求为主旨,由前期调研直接过渡到方案的设计创意阶段,而对于如何创造出丰富的城市空间以适应不同人群的要求,极大程度地满足现代人们的精神生活、刺激地区活力则较少涉及。我们在经历过一段时期的快速建设之后,随着经济的发展,居民的生活水平也在不断提高。他们并不仅仅满足于城市功能布局和基本服务设施的改善,而是更加需要经过策划和精心安排的各种社会活动和休憩场所,来舒缓紧张工作带来的压力、丰富日常生活内容,这就为策划预研提供了先决条件。此外,策划预研又对激发区域活力、带动城市经济的发展、恢复地域特色起到了至关重要的影响。策划预研的过程将关注点主要放在:以振兴区域的多样性活力为目标,谋求推动地区经济发展和复兴城市传统文脉的行之有效的手段。从恢复地区活力入手展开城市形象设计,可以避免盲目地追求形式主义的错误,更好地解决居民所遇到的实际问题。黑川纪章曾经提出以中医的针灸疗法来刺激城市局部区域的发展。他将城市比作有机生命体,认为"城市也和其他生命体一样,切断与过去的联系,也就不能存在了"。因此,可以通过类似中医疗法的"点开发方式"或"点刺激方式"[1]来刺激城市局部区域的发展,拓展出新的使用功能,使贫瘠的城市环境获得再生(图76、图77)。这种局部区域的完善与更新就更加有赖于前期策划过程的构思与谋划,从城市经济和文脉发展以及恢复区域活力等角度提出未来建设的构想。

目前,城市策划的内容和方法并无严格定式,根据基地不同的功能定位和需求,其策划框架有着极大的差别。这主要是由于策划

图 76/ 图 77

通过广场改造前后的变化可以看出，利用步行道路的设置和高差的变化将原有广场转化为人流汇聚的中心
(Cameron.Above London. Cameron and Company)
（王豪 摄）

　　预研过程在国内城市更新中刚刚兴起，尚处在研究的初期阶段，面对不同的城市课题和城市设计领域，策划的程序和方法有待通过大量实践环节的进一步归纳和完善。在此，于城市形象设计的过程中加入策划预研的环节，为的是强调从基地调研到展开设计构思之间对场地的使用功能和文脉传承进行创意策划的重要性，以此来促进城市地域文化的不断发展和演进。

　　针对城市中的形象更新和建设问题，策划预研的内容主要包括：

1. 宏观层面

　　面对城市设计的诸多命题，传统的城市形象设计方法仅以区域自身的发展为目标，而较少地考虑与周围大环境和区位战略趋势的关系。然而以策划为基础，从宏观的角度可以建立整体区域的发展战略，通过城市与城市以及城市与区域之间相互关系的解析，可以推导出现有环境的建设目标。要从宏观视角提出区域之间的经济联系以及协同发展的某种可能性，这将对基地未来的发展起到至关重要的作用。以创建城市形象的整体特征为目标，从宏观层面主要贯彻两个基本原则：一是互利和互补原则。城市的发展必然要与周边的地域建立相互依托的关系，从而寻求整个区域的协调发展。可以从产业链的角度考虑周边城市的相互联系，以此挖掘城市未来发展的潜力，确定城市的建设方向和改造目标。这一原则表现在城市形象设计方面，即要对基地周围的环境以及与周边区域之间的关系做详细的调查，从总体发展战略入手，考虑如何使局部地区的形象特征与周边城市或区域构成具有某种一致性的形象特色，以完善整个地域的形象体系建设。也可采用互补原则，在总体协调的基础上体现出与周围环境的某种差异性，从而突出基地的特色。二是借势的原则。在特定的范围内以发展较好的、形象体系较为完整的城市或区域为目标，寻找自身的不足以及挖掘相互之间在历史和文脉上的潜在关系，通过建立城市形象之间的联系，在优秀城市的带动下谋求新的发展。

2. 中观层面

　　中观层面的形象策划则是要对基地的历史人文做详尽的调研，通过对历史脉络和现代城市的发展分析，寻找到城市中逐渐模糊的个性化特征。它是借助城市自身的发展脉络研究，以解决城市中逐渐丧失的文脉特征为目标，试图通过对潜在因素的挖掘，彰显区域丰富的地域特色（图78）。中观层面的分析对于建立城市形象特定的精神内涵创造了条件，透过形象特征的外在表现搜寻城市中潜在的文化意蕴，对于建立城市典型的形象特色发挥着不可或缺的作用。在这一层面对城市形象进行分析，可以分别从两个角度进行思考：一是从历史角度挖掘。可以寻找到曾经为推动城市发展起到过重要作用和影响的人或事，以及在历史进程中贯穿其中的传统符号和文化内涵，这也是区别城市之间历史人文不同特征的主要依据。二是从现代社会角度挖掘。不管城市的历史文化积淀如何深厚，都要与现代城市生活相适应。站在现代人的视角，从现代文明角度提出对城市形象的需求和展望，也将会有助于避免形象体系建设与现实生活相脱节。

3. 微观层面

在对整体区位和地域文脉的分析之后，要从微观角度展开对区域中具体节点的细部创意策划，这也是形成区域整体形象特征的基本要求。如何使局部地段展现出丰富的多样性活力，吸引更多人群的关注目光，成为策划的关键（图79）。在这里，通过策划手段不断激发城市不同节点的形象创意，不仅有利于带动区域经济的发展，也将会为形象体系的建立发挥重要的作用。例如，雅各布斯在谈到如何充分发挥街道和地块的作用时曾经提到，可以通过不同时段的功能策划，来丰富空间中一天之内早晚不同的活动内容，为不同需求的人群提供多种可能性，以此达到摆脱僵化的城市布局、充实居民生活内容，以及创建局部区域多样性活力的目的。[2] 这一手段在伦敦的一些废旧厂房区域的改造中较多地采用，且效果显著，通过区域的改造和使用功能的拓展，使原有的废弃工业厂房焕发了新的生机。此外，在节点的创意中仍然要兼顾各区域之间的相

图78
通过对沿岸建筑和街区的改造使泰晤士河成为伦敦重要的水上游览线路
（王豪　摄）

互关联性原则，避免同一使用功能和形象的过多重复，取得相互补充、协调发展的良好关系。在对某一地块的城市形象策划中，要注重节点的独特性和特殊性，发挥创意和想象力，打造个性鲜明的形象体系，对重要节点策划的成败，决定了地区发展的活力，这也必然与创造性的开发模式和建设手段密切相关。

图 79
芝加哥千禧广场喷泉通过高科技手段和面向公众的艺术作品，使其成为人流聚集的重要节点
（冯斐菲　摄）

注释：

[1]（日）黑川纪章：《黑川纪章城市设计的思想与手法》，覃力等译，第151页，中国建筑工业出版社，2004。

[2]（加）简·雅各布斯：《美国大城市的死与生》，金衡山译，第167页，译林出版社，2005。

三、设计思想

通过较为细致的前期调研和富有创造性的功能策划以及区域开发评估，我们逐渐对基地现状的情况有了较为直观的认识，为进一步的设计思想形成奠定了基础。对城市设计师而言设计构思阶段是展现其创意构想的主要阶段，如何协调现有环境与新建区域之间的关系？如何在满足多方利益的前提下体现出一定的创新思想？如何又使创造性的设计思维贯穿到实践环节的各个方面，完善整体的设计构想？等等。这些问题都有待于在设计思想形成的环节得到更进一步的解决。在此，我们要认识到，形成设计思想的过程是需要极大创造性的，具有创意的构思和巧妙的处理手段，是建立城市特色的关键（图80）。正如学者们所指出的，"设计是一个创造性的、探索性的，以及解决问题的活动，通过这个过程来权重和平衡设计目标和限制条件，研究存在的问题和解决的方法，最后得出最佳方案……设计是一个持续的实验—检验—修正的过程，涉及想象力、表达力、判断力和再想象力"[1]，应将"坚固、实用、美观、经济"四个标准作为城市设计必须满足的基本条件。在此过程中，设计师按照既定的程序以及不断反复的过程，通过具有某种创造性的

图80
澳大利亚堪培拉连接战争纪念馆与新国会大厦的城市轴线具有极强的纪念性特征
(Spiro Kostof. The City Shaped: Urban Patterns and Meanings through History. Thames&Hudson Ltd., 1991:245)

城市更新理念和改造方法，使设计方案渐趋完善。

　　在城市形象设计构思的过程中普遍需要关注以下两个问题：

1. 城市形象的功能和合理性问题

　　城市形象更新中，要以满足不同使用功能为基本出发点。城市形象各要素是体现城市功能的主要表象特征，建筑和道路的形状和尺度、节点的形式和开放程度、空间的围合状态都反映了一定的功能性特征。例如：狭窄的街道往往成为步行者的乐园，开阔的广场又是人群聚会的城市客厅，而围合的空间则形成封闭舒适的餐饮场所。不同的功能决定了不同的形象特征，创建多样性的城市功能环境，是城市形象研究的主要内容，在设计构思中值得深入探讨。此外，要建立城市的空间形象体系，探寻尺度的合理性尤为重要。在城市形象要素的组合关系之中，和谐的状态必然与合理的尺度关系紧密相连，它符合了人类心理和生理的需求。在20世纪初期由佩里提出的"邻里单位"[2]概念便是利用人体在舒适状态下步行所能到达的距离测算，来确定社区单元基本范围的（图81）。经过佩里的测算，将四分之一英里（约0.4公里）作为合理的邻里单元半径，以5000~6000人作为适当的社区人口规模，形成以配套服务设施和居住相结合的邻里区域。这一思想将交通干道围绕单元周围进行布局，内部区域则以步行为主，同时提供学校和商业中心等基本生活服务设施，保持社区内部的独立性。"邻里单位"的概念从合理规划的角度提出了适合人们步行的居住社区模式，从而为新型住宅区的建设提供了典范。由此可见，科学的分析方法

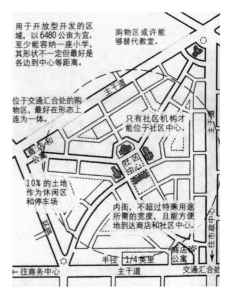

图81
佩里的"邻里单位"构想图示
（卡莫纳等. 公共场所——城市空间. 冯江等译.
南京：江苏科学技术出版社，2005：110）

和合理的功能布局将会有助于建构适宜人类居住的城市环境。

2. 城市形象的艺术审美问题

在合理地处理城市功能性需求的同时，还要满足视觉审美的要求。讲求形式美的城市往往能够表现出某种潜在的艺术特征，与简单地追求形式变化有所不同，它是将外在的形式美与内在的精神特质紧密联系起来，力求取得与使用功能的完美结合（图82、图83）。作为城市合理功能布局的重要补充，城市形象的艺术建构更多地依赖于具有一定艺术鉴赏力的研究者或艺术家的审美直觉。这种艺术经验经常无法用数据分析的方法来解释，很难为其定义一个准确的建设模式，因此在城市形象建构中经常被忽视，误解为无关紧要的表面文章。但是，城市形象的艺术审美特征仍然是城市建设中不可或缺的重要因素，它也是反映城市形象美的重要表现，体现了城市的现代文明程度。西特在论及城市设计的方法时精辟地指出，城市设计"应该不仅仅被认为是技术问题，而且也应该被认为是极端重要的艺术问题。"[3] 这就要求在

图82
19世纪巴塞罗那的规划平面（1858），在旧城区之外按照规则的几何形状进行布局
(Spiro Kostof. The City Shaped: Urban Patterns and Meanings through History. Thames & Hudson Ltd., 1991: 152)

图83
建筑师罗西设计的海港规划平面
(Alberto Ferlenga.Aldo Rossi:The Life and Works of an Architect.Cologne:Konemann, 2001:344、345)

城市更新中不能简单地进行区域规模的调整以及仅仅解决普遍存在的功能问题，它必然要求与城市形象的外部元素相关联，努力展现出较高的艺术审美价值。

基于以上分析，在设计构思中，应将城市的功能问题和艺术原则结合起来思考，力求取得两者间的协调与统一。

注释：

[1]（英）卡莫纳等：《公共场所—城市空间》，冯江等译，第51页，江苏科学技术出版社，2005。

[2] 沈玉麟：《外国城市建设史》，第136页，中国建筑工业出版社，1989（2005重印）。

[3]（奥）卡米诺·西特：《城市建设艺术：遵循艺术原则进行城市建设》，仲德崑译，第122页，东南大学出版社，1990。

四、编制文本

　　经过设计构思阶段和形象建设的深入探讨，我们逐渐形成了较为完整的设计思想和区域更新改造的建设模式及方法，那么，关于城市形象设计的课题如何形成最终的成果文本呢？文本的基本结构框架又是怎样？在此，试图通过简要的归纳和总结，谋求建立一种不断适应城市未来发展的形象研究文本架构，以此作为今后城市形象设计进一步完善和拓展的依据（图84、图85）。

1. 基地现状评价

　　在成果文本的第一部分，我们应该对基地现状的初步研究状况加以简述和分析，以作为设计方案形成的重要依据以及在未来展开

图84　　　　　　　　　　　　　　　　　图85
19世纪末绘制的芝加哥鸟瞰图（1892）与20世纪早期（20年代左右）城市建设的状况，城市在短时期内有了飞速的发展
(Spiro Kostof. The City Shaped: Urban Patterns and Meanings through History. Thames&Hudson Ltd., 1991:117、329)

进一步设计的参考。基地现状的分析中要重点针对城市形象的现有特征进行分类总结，主要包括五个方面的内容：

（1）基地的位置、人口规模以及城市变迁的历史综述

以更为宽泛的视角展开对基地现状的论述。从位置关系上寻找与其他城市的相关性，历史的变迁以及人口规模的扩展也带来了城市文脉的演变过程，在综合论述中挖掘城市形态特征的历史根源。

（2）建筑物以及其他城市形象要素的现状评析

不仅应将设计范围内的形象元素作为详尽考察的对象，而且还要对城市中的主要建筑物风格、历史传统、具有重要影响建筑群的样式以及城市标志物等特征加以整理和归纳。同时对城市中不同历史时期的建筑材料、建造手段以及细部特征简要分析，寻找潜在的、具有较高价值的、符合地域文脉发展的元素或风格进行评价和再阐释。

（3）基地中自然环境与景观的构成和现存条件分析

对现有环境中的自然气候、地形地貌、景观层次、绿化环境以及现存状况做出评价，对城市绿化景观的未来建设提出建议。

（4）现有区域的空间格局以及与周边环境关系剖析

从整个城市的角度对现有空间功能布局展开解析，对基地进行空间和功能的重新定位，找寻适合本地域发展的空间形态布局。此外，还要对基地与周边环境的联系加以思考，在基地主要的出入口建立适宜的空间视景以及视线廊道。

（5）基地的艺术价值评估

应对具有特定艺术价值的建筑物及区域给予足够的关注，并且探讨能否将其扩展至整个基地的可能性。

（6）地段中存在主要问题的解析

要对基地中历史遗留问题以及目前存在的主要问题进行分析，找到并挖掘问题的根源，力求提出分步骤、有序更新的解决思路。

2. 创意构思方案

基于现状分析提出的创意方案具有较强的针对性和更为切实的可行性。在创意方案成果的编制阶段，应根据不同的设计题目和设计内容制定不同的文本框架。基本可以取得共识的是，在设计中需要将设计目标与设计形态较好地联

系起来，符合基本的功能需求。有学者曾经提出：城市中任何设计如果不能兼顾多个目标的回应，就不能称之为好的设计；任何设计如果不能提出较为清晰合理的开发形态，便会使创意不能产生任何效果。[1] 因此面对城市形象设计课题，基本功能目标的保障与良好的形态规划具有同等重要的作用。

在编制创意构思阶段，方案的表现方式和手段虽然不尽相同，但是文本的基本构架主要应当包括：

（1）设计原则和设计目标

针对不同的基地情况、设计要求以及时间界限应提出适应性较强的设计原则和建设目标，避免生硬地直接照搬或引用国外的成功案例。由于在所有城市之间或多或少都存在着这样或那样的差异，因此要根据现有状况和条件以及未来发展的潜力提出具有创意性的设计构思。设计目标和原则是整个设计创意展开的主要依据，应在充分调研的基础上制定针对性强、较为明确的基地改造和建设策略。

（2）设计特色和某种独创性

可结合不同的表现方式展现并阐述设计的创意构思。重点应放在对现有问题的解决上，结合城市形象元素设计的多种表现方式，将合理的功能架构与艺术化的形态语言相结合，达到形式与内容的统一。此外，不论在任何情况下都应鼓励创造性较强的创意构思和设计的整体特色，使设计创意具有某种独创性和前瞻性。

（3）设计创意的可行性评估

不论任何完美的设计都应具有极为切实的可行性。要从社会经济、文化心理、细部建设、分阶段实施等角度提出行之有效的解决方案，尽量多思考与实际操作的联系，避免设计构思与实践相脱节，从而导致整个创意的失败。

3. 指标控制体系

在形成完整的设计构思之后，应将其与实际建设阶段联系起来，提出针对特定区域的建设纲要，并以此作为控制基地进一步更新的标准。面对较大的城市区域更新时，较为系统的控制指标体系则显得更为重要，它对于完善城市形象特征、建立整体城市特色具有重要的作用。从城市形象设计的角度出发，主要的控制指标包括：

（1）建筑物的样式、高度和其他外部特征（色彩、材质、规模、制作手段）控制；

（2）公共空间的类型和形态组合控制；

（3）城市不同街道、节点、标志物等外部形象特征控制；

（4）功能分区类型和外部形象控制；

（5）文化传承的系统关注；

（6）分阶段建设指标的控制。

4. 发展潜力预评

最后，要结合目前的设计方案对基地今后的发展潜力和进一步的更新策略做出预评。虽然我们很难对所提出方案未来的发展情况给予准确的预测，但是仍然可以为城市今后的建设和拓展留有余地。我们要认识到，城市形象的建设是一个渐进的过程，任何希望在短时期内达到某种较高预期效果的建议，都只能是一种奢望。只有依靠不断地更新和完善城市形象的建设策略，才能够适应未来多变的城市特性。

注释：

[1]（英）卡莫纳等：《公共场所——城市空间》，冯江等译，第243页，江苏科学技术出版社，2005。

第七章

现代城市形象设计的主题

一些不成功的城市区域是那些缺乏
这种（经济和社会角度等多样性）相
互支持机制的区域，城市规划学和
城市设计的艺术在真实的城市和真
实的生活中都必须成为催化和滋养
这种互相关联的机制的科学和艺术。

——简·雅各布斯

一、文化城市

现代城市在经历了大规模的范围拓展和区域更新之后，居民的基本生活需求得到了保障，逐渐开始将着眼点放到如何在城市形象建设中传承和体现本民族的文化传统上。"文化的重大特征之一在于它可以通过非生物学的方法而获得传播。不论在物质的、社会的以及意识形态的任何一个方面，文化极易通过社会机制从一个人、一代人、一个时代、一个民族或一个地区传播给另一个人、下一代人、新的时代、其他民族或地区。可以说，文化是社会遗传的一种形式。"[1]文化在现代城市建设中居于重要的地位，它从某种程度上代表了一个民族或地区长久以来形成的人文特性和形象象征。在当前疾速的城市建设中，人们逐渐意识到城市自身的文脉传承受到了来自"现代文明"的强烈冲击，亟待得到更为深入地挖掘和再阐释，否则，非但本民族的文脉特征得不到延续，就连原先存在较大差异的城市形象也渐趋同质化的厄运。因此在现代社会中，传统文脉的延续和发展成为城市建设更新的主题。

如前文所述，城市文化的表象形式极为复杂，并且受到来自外界多元文化的侵蚀，呈现出极其丰富的多样性特征。有时我们很难分辨某一种形象特征来自于哪种文化的影响，它们常常是多种文化形式的复合体，这也是现代城市的重要表现，在这种多元文化并行发展中，城市形象亦有着丰富多样的特点（图86、图87）。面对当前形势，一方面，要继续以整理和挖掘本地域的历史文脉为基础，将文化传承作为城市改造和更新的主题，在新的条件下寻求地域文脉的发展和创新，使之不断适应现代城市的要求；另一方面，仍然要以城市中多元文化共存为依据，创造出适合不同文化良性发展的和谐环境，保持多元文化的协调发展会更好地展现现代城市的文明程度，适应不同人群的多样性需求。正如日本建筑师黑川纪章所言，"人们已经能够认识到，只有多种文化的存在，不同文化的共

图 86/ 图 87

伦敦的传统街区与现代建筑
的融合
(Cameron. Above London.
Cameron and Company)
（王豪　摄）

生，才是丰富多彩的"[2]。在城市形象设计中，这两个方面要彼此兼顾，缺
一不可。

　　有着不同文化背景的社会或民族，通过某种特定的建设手段和方法缔造出
了不同的城市面貌。海克在谈到中西方城市总体设计的不同时指出，中国古典
城市在规划建设方面主要存在五个方面的特征[3]：第一是空间形态。使用强
有力的形态语言组织空间中人的活动，利用中轴线、行进序列通道、基本方向
联想天地寰宇等手段，将基地视为阐明地位与权利的场所；第二是自然观念。
自然与人类活动更为紧密地结合起来，并赋予理想化的、超自然的概念，从

而使自然形态与建成形态之间的界线变得模糊起来，构成了一种整体的环境观；第三是隐喻借鉴。中国城市往往超出了西方城市所看重的功能支配和抽象几何形式法则，而更为注重超越形式表面的想象；第四是时间观念。中国城市和园林所推崇的"移步换景"等设计手法，强调了城市中序列体验的重要性；第五是独特的创造观。与西方设计师竭力寻求各自的独特性截然不同，中国城市设计师以一种新的方式将已经确立的形象体系推广到其他基地，并且赋予其新的意义（图88）。这就是作为外来者透过城市表象特征对于中国传统城市的认识，也正是存在于这种城市表象上的差异，带来了城市不同的文化体验。因此，对于传统文化的挖掘以及不同文化差异性的了解，将会有助于建立城市特有的文化特性，形成较为完整的形象体系。

　　文化，从广义上来讲，包括了社会中人的生活方式，以及形成这些生活方式的某种特定的心理和行为。对于城市中文化的传承，即是对居民的某种特定生活方式进行有目的的延续和发展。在现代城市形象设计中以文化城市为主题，正是从保存和继承居民普遍的生活模式和审美习惯为出发点，延续城市固有的肌理和文脉特征，力求拓展新的使用功能与传统形式的完美结合（图89）。同时，要兼顾不同时代文化形式的演变历程，不论是经过长

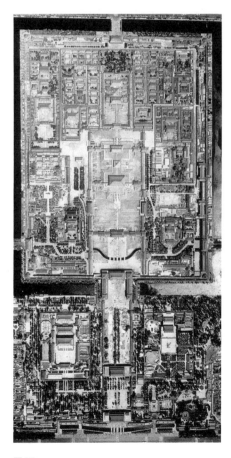

图88
紫禁城鸟瞰，在对称的布局中蕴藏着丰富的变化
(Spiro Kostof. The City Shaped: Urban Patterns and Meanings Through History. Thames & Hudson Ltd., 1991: 18)

图 89
巴黎旧城区保留完好的传统
城市轮廓
（祝铮鸣　摄）

期历史发展形成的，还是近几十年的形态类型，都应给予足够重视。城市形象
建设应尽量展现其历史发展的脉络，在保护的基础上寻求新的发展。

注释：

[1] 陈立旭：《都市文化与都市精神：中外城市文化比较》，第24、25页，东南大学出版
　　社，2002。

[2]（日）黑川纪章：《黑川纪章城市设计的思想与手法》，覃力等译，第15页，中国建筑
　　工业出版社，2004。

[3]（美）凯文·林奇、加里·海克：《总体设计》，黄富厢等译，第10～13页，中国建筑
　　工业出版社，1999。

二、人本设计

在现代城市中仍然需要强调"以人为本"的设计原则。对于这一众人皆知的命题再次提出，并非老生常谈，而是希望在新时期体现出新的特色。不同的历史阶段，城市设计中所强调的人本设计理念也有所不同。通常可以认为，人本设计主要是强调在城市的各项设计中对于社会活动参与者的关怀程度，是对现代主义城市更新中倡导形式和功能至上理论的批判。拉尔夫指出现代主义城市地景的特征为："巨大的超大结构；直线空间和草原空间；理性秩序与僵化；硬质与不透明；不连续的序列视景。"[1] 这种极为理性化而忽视人的感受的城市形象设计成为现代社会所应避免的主要问题。"以人为本"原则即是要求在城市改造中以使用者和体验者的需求为基本出发点，避免非人性化的空间营造适宜的视觉感受，强调公众参与设计过程的重要性。"公众参与"设计是在20世纪60年代末由西方发起的一种现代城市设计方式，这一方法有别于传统的设计程序，而是强调公众和当地居民参与设计的全过程，并指导和监督设计的实施阶段。以英国的拜克居住区为例，通过在施工现场设立协商办公室，使设计专家与居民一同研究和讨论房屋在拆除之后的具体措施，以及随后在住宅建设上的共同商讨与谋划，使建成后的居住区更为符合当地居民的生活需求。这一案例成为了早期城市更新中公众参与设计过程的成功典范，并逐渐成为西方进行城市区域改造的有效方式之一。

在现代的城市建设中，疾速的以及大范围的城市改造与更新，常常会忽视人本设计的重要性。大量针对现状图纸的规划方案仍然是我们主要依赖的设计方法，对于电脑软件的依赖性，也为回避真实的空间体验带来了充分的借口。正如培根认为，"应用不断改进的电脑数学运算技术来描绘过去问题的趋势，使我们正处于用数学方法推断未来的危险之中，其结果，未来只不过是过去的延续。"[2] 现代化的科技手段为模拟城市中逼真的空间感受提供了可能性，人们可以通过数字输入和图形创建来架构未来城市的建设图景。但是从某种程度上，它又束缚了城市形象设计的发展，决策者们通过电脑模拟技术来感知城市建设成果的方式，往往存在着巨大的风险。电脑中舒适的空间感受和美好的建构愿景在现实表现中经常会大相径庭，城市环境是极为复杂多变的，人的真实体验与感受也只能在现实条件中得到验证。因此在城市形象设计中应贯彻以人的感知过程为基本原则，兼顾使用者的需求，寻找更为适宜的解决方案（图90、图91）。

"现在，人们已经普遍接受这样的观点，即城市的生命力来自它的多样性、人性化的尺度和高品质的公共空间。"[3] 在城市形象设计中应不断地以人的尺度和视觉经验作为创作依据，充分研究使用者的需求和观察者的动线，建立和谐有序的空间序列，从体验者的视角展现多样化的城市环境，以符合大多数居民的普遍使用要求为基本前提（图92）。此外，为使用者创造更为有效的公众参与机制，将会对今后建立渐趋完善和系统化的城市更新策略起到重要的作用。

图90
丰富的路网变化造就了观察者良好的感知体验
(Cameron. Above London. Cameron and Company)

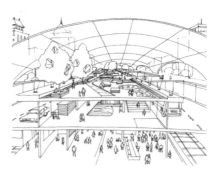

图91
对现有长安街的改造构想，通过立体交通体系和步行环境的营造，变尺度过宽的道路系统为更为人性化的步行空间
（王豪 绘）

图92
日本东京中城宜人的居住环境营造
（冯斐菲 摄）

　　城市建设中这种公众参与设计的方式，虽然与西方社会由于经济较为发达、居民素质普遍较高有着密切的联系，但是在现阶段我们仍然可以效仿其中的有效方法，与当前国情相结合，形成一种"过渡时期"的公众参与方式，体现城市形象设计中人本设计的理念。在国内目前的城市更新中，要想实现城市设计的全民参与还有相当长的一段路要走，城市建设的普及化教育还远远不能达到发达国家的水平，居民的普遍文化素质仍需加强，对于艺术形象的审美鉴赏力和观察力还有待进一步提高。因此，就更为需要依靠切实可行的公众参与方式来改善对城市形象的更新工作。在这样的条件下，可以暂且以居民中素质较高、责任心较强、有民主精神，或民主选举产生的社区住户为代表，与职业建筑师和设计师以及艺术家构成区域更新的指导团队，并在政府和投资商的支持下介入到城市形象建设中，形成区域更新的指导团队，从专业设计和艺术建构的角度统筹考虑居民的普遍利益，寻找解决问题的良方。或许，这种由政府、投资方、专家所组成的"三位一体的决策机制"[4]并与居民代表共同协商完成城市设计和建设过程的方式，可以成为当前"过渡时期"贯彻人本设计理念的一种有效手段。在台湾，由资深的建筑师和城市设计师组成的团队受政府的委托已经做到了与投资商以及社区代表的紧密结合，他们所共同组成的委员会在城市建设中发挥着重要的指导和监督作用。

注释：

[1]（加）爱德华·拉尔夫：《现代都市地景》，谢庆达译，第336～346页，台北田园城市文化，1998。

[2]（美）培根：《城市设计》，黄富厢、朱琪译，第13页，中国建筑工业出版社，2003。

[3]（美）新都市主义协会：《新都市主义宪章》，杨北帆等译，第174页，天津科学技术出版社，2004。

[4]潘公凯：《中央美术学院建筑与城市文化研究博士班研讨会议纪要》，2007.1。

三、可持续发展

　　"城市永远是未完结的创造，对每一代人来说，新的用途、社会模式和经济活动的出现，就意味着某些东西已陈旧过时，需要替换、更新和改造。"[1] 探寻城市环境的可持续发展是城市建设中的一个永恒主题。城市形象设计亦不例外，建立形象元素之间的可持续性也是城市形象更新的重要课题，未来城市的发展面临着众多的考验，在快速的城市化进程中，人口的迅速激增、环境的持续恶化、自然资源的不断匮乏，造成了城市环境渐趋崩溃的窘境。从城市形象的角度出发寻找城市的可持续发展道路，已经成为现阶段城市改造中主要思考的问题。西方发达国家在经历过城市盲目扩张所带来的惨痛教训之后，纷纷将着眼点放到如何利用现有环境进行更为有效的开发和建设议题上，而这一切皆以保护自然资源和节省能源消耗为前提。他们常常要求在城市更新中建立一个较为明确的建设目标，并提出一系列具有预见性的建设策略以适应城市长期的发展（图93、图94）。而在大多数发展中国家，这种可持续发展的原则往往得不到重视，城市的规模拓展仍然占据着相当重要的地位，新兴城市不断侵蚀着周边的土地，自然风貌遭到破坏，能源极度浪费的现象依然严重。由此可见，建立可持续发展的城市形态是当前城市形象建设所应关注的主要问题，也是解决城市危机的重要途径之一。

　　如上所述，越是发达的国家就越发注意城市形象的可持续发展。"可持续性及可持续发展已经成为当今世界发展的主旋律"，有学者指出，"正是那些最发达的城市造成了全世界范围内的环境恶化，因为它们的发展建立在'对资源的不可持续性利用和消耗'的基础之上。"[2] 正是由于科技的进步和经济的发展才使得资源消耗和能源供给更为巨大。人类对于资源的愈发依赖也迫使我们将城市形态的可持续发展作为目前城市形象设计的主要任务，在城市更

新中应尽量减少对现有能源的损
耗和拓展新能源的研发。如何有
效地利用城市现有条件进行审慎
地改造，也是降低资源能耗的最
好办法。

　　将可持续发展的原则作为前
提，这就意味着城市形象建设不
仅要寻求形式和内容上的变化，
而且要更多地关注城市环境和自
然资源，着眼于城市未来的发
展，提出行之有效的解决方案。
培根指出，"如果一个建筑师主
要探究形式，他的成果在未来岁
月中被修改或全盘否定的机会是
比较大的；如果这个建筑师探究
运动系统，而这些系统在构想时
联系到更大的运动系统，那他的
成果流传下去的机会，以及实际
上历经岁月而得到加强和扩展的
机会的确是很大的，即使沿着这
个系统的建筑被拆除重建都没有
关系。"[3] 培根将这一思想贯彻
至对他的家乡美国费城的设计和
建设指导中，通过一种长效的更
新机制，以"同时运动诸系统"
的理念作为城市建设为之持续
奋斗的基本观念。自1947年直至
1970年退休，在城市更新中培根
始终坚持这一原则，费城也以他
所倡导的这种持续的修复改建计

图93
巴塞罗那面向未来的城市发展轴线
（王豪　摄）

图94
伦敦旧城区中新旧建筑的交融
(Cameron. Above London. Cameron and Company)

划而举世闻名。因此城市的可持续发展是需要长期的、坚持不懈的努力才有可能实现的，正如同城市所具有的可变特性一样，形象的改造也要兼顾有序更新的原则，避免盲目的大拆大建（图95、图96）。

面对渐趋严峻的资源危机，一种被誉为"紧缩城市"的新型城市形态理论油然而生。与传统城市依靠规模扩张来解决城市问题有所不同，"紧缩城市"理论是将城市的规模进行严格控制，在有限的空间内通过更为集中紧凑的处理手段拓展出新的使用空间，利用空间中多种使用功能的密切结合建立较为完善的复合功能模式，避免僵化的功能区域划分所带来的交通拥堵以及资源浪费等

图 95
明尼阿波利斯剧院的开发使
废弃的厂房建筑获得了新生
（冯斐菲 摄）

图 96
日本东京的新建筑组合凸现
了现代城市特征
（冯斐菲 摄）

现象的发生，有效地控制了城市向农村以及自然环境的迅速蔓延。正如詹克斯所言"紧缩城市的讨论在很大程度上受到环境议题的推动：例如紧缩城市是最能有效利用能源的城市形态，它降低了交通需要，从而减少了交通尾气的排放；而且它还保护乡村免遭破坏。"[4] "紧缩城市"理论为城市寻求未来的可持续性发展起到了重要的参考作用，对于降低城市能耗、延缓城市对自然环境的侵蚀、有效地利用和完善现有环境都将具有深远影响。

在当前的城市形象设计中，以可持续发展的原则为基础具有极为重要的现实意义。如何充分地利用现有资源进行更为有效的开发建设？如何建立灵活的城市形象体系以适应不断变化的城市环境？如何在城市形象设计中更好地贯彻可持续发展原则？这些问题有待于在今后进行更为深入的探讨，并期待在设计实践中得到进一步妥善解决。

注释：

[1]（美）新都市主义协会：《新都市主义宪章》，杨北帆等译，第171页，天津科学技术出版社，2004。

[2]（英）詹克斯等：《紧缩城市：一种可持续发展的城市形态》，周玉鹏等译，第3~5页，中国建筑工业出版社，2004。

[3]（美）培根：《城市设计》，黄富厢，朱琪译，第306页，中国建筑工业出版社，2003。

[4]同[2]，第181页。

四、和谐设计

当今城市发展中，和谐的规划手段被认为是构建未来和谐社会的前提。如何创建各元素协调发展的城市物质环境，也是城市形象设计的重要目标。城市内部的诸多因素如果不能妥善处理往往会造成混乱的局面，城市中的自然环境与不同建筑形态之间的关系、道路系统与节点和标志物的联系、不同空间形态与围合建筑之间的组织，以及不同元素之间的配合，这一切构成了城市极为复杂的物质形象特征。和谐设计的好处正是在于：从更为全面整体的视角介入到城市形象设计中，将创建不同要素之间协调统一的关系作为形象建设的前提，寻求一种和谐发展的城市更新手段（图97）。有学者认为，在对城市的设计中和谐规划应主要关注五个方面的内容[1]。即社会维度、经济维度、生态和环境维度、空间维度、文化维度。五个维度不是简单的并列关系，而是相互融合的整体。这一观点指出，我们在进行城市形象的更新和改造中，和谐设计的原则既是不能将形象的设计仅看作物质形态方面的改革和创新，更应该将其与

图97
爱丁堡依照原有城市肌理进行的新的城市开发，使新建建筑取得了与传统建筑的和谐
(Edinburgh(west of the Castle), Scotland From Above. Colin Baxter Photography Ltd. 2005: 13)

社会和居民的经济利益、社会文明、生态保障、人居环境、区域布局、文化传承相联系，构建以居民利益为根本出发点、符合全面发展的城市环境。

从建立城市形象的和谐关系角度出发，在现代城市中，城市形象的诸要素应该体现为一个协调发展的整体。以城市形象设计的内容为依据，这种协调的相互关系主要体现在两个层面：

1. 与所处自然环境的和谐共存

在传统的东方城市中，强调与自然条件的良好共处关系成为人们能够感受到的最直接印象。所谓"虽由人作，宛自天开"便是中国古典园林建造的精髓所在，在与天地的和谐交融中寻求一种"天人合一"的境界。在论及东西方不同的自然观时，美国学者麦克哈格认为，"假如东方是一个自然主义艺术的宝库，那么西方则是以人为中心的艺术博物馆……西方人的傲慢与优越感是以牺牲自然为代价的。东方人与自然的和谐则以牺牲人的个性而取得。通过把人看作是在自然中的具有独特个性而非一般的物种，就一定能达到尊重人和自然。"[2] 在大多数城市建设的例子中可以看出，西方是通过对固有环境坚持不懈的抗衡与改良取得了某种协调一致的关系，且处处以展现这种人为的改造力量为自豪；而东方则更多地体现为与山川河流的融合，透过一种文雅谦和的表现，传达出对自然生灵的敬仰之情和物我统一的意蕴。东西方正是通过各自不同的方式在寻求与自然环境的和谐关系，这也是在城市形象设计中所应关注的重要议题，只有取得了与自然环境的和谐共存，才能建立适宜人类生活居住的城市环境。

2. 各形象元素之间的和谐统一

城市中对不同形象元素之间和谐关系的构建，也是城市形象建设的基本要求。建筑与空间、街道、标志物等形象元素构成了人们感知城市的重要外部特征。在城市建设中过于关注单体建筑及元素建设的优劣，仍然是当前存在的主要弊病，人们总是希望通过某一元素的杰出和完满来弥补城市整体形象的缺失。然而，事实却经常不尽如人意。城市的各形象元素应体现为一个和谐的整体，"它们只有共同构成图形时才能提供一个令人满意的形式"，任何仅凭单体元素来试图改善整体城市形象的做法都将是孤立且无效的，"不同元素组之间可能会互相强化，互相呼应，从而提高各自的影响力；也可能相互矛盾，甚至相互破坏。"[3] 城市形象设计应是对可感知的形象元素进行统筹考虑，使各部分形成相互依存、互相约束的整体，体现出一种和谐统一的相互关系（图98、图99）。在城市的肌理中，唯有所有元素共同产生作用，才能构成城市完整的形象特征。

图 98
不同时期建筑形式与使用功能的协调统一
（王豪 摄）

图 99
新建建筑在传统建筑基础上的拓展
（王豪 摄）

正是基于这两个层面的和谐一致，才能使城市形象呈现出整体的良好关系，仍需从社会、经济和生态等角度进行综合思考，构建和谐发展的城市形态。以和谐设计为基础，建立城市整体形象的协调关系和"文雅特性"[4]，也是现代城市发展进程中文明程度的表现，对于城市形象体系的完善和发展将会起到重要的作用。

注释：

[1] 吕斌：《和谐规划自由论坛》，第57页，《城市规划》2006.12。

[2]（美）麦克哈格：《设计结合自然》，芮经纬译，第35页，天津大学出版社，2006。

[3]（美）凯文·林奇：《城市意象》，方益萍，何晓军译，第64页，华夏出版社，2001。

[4]（英）F·吉伯德：《市镇设计》，程里尧译，第26页，中国建筑工业出版社，1983。

五、城市建设艺术

　　现代城市经历了大范围的规模拓展之后，逐渐步入了通过局部更新寻求提高城市自身品质和质量的新阶段。在这一新形势下，人们逐渐意识到仅为解决居民的基本生活状况已经不能满足现代生活的多样性需求，我们更加期待一个有着高品质和艺术性的城市空间营造。对于目前多数人所心仪的宜居城市来说，除了本地生活的便利性之外，城市形象的本土特征也趋于明显和愈发体系化，常常表现出较高的艺术审美价值。"城市建设艺术"的理论最早由卡米洛·西特于19世纪末提出，他主张在城市建设过程中不仅要注重城市的功能布局，还要关注古典城市长久以来形成的艺术法则。西特在其著作《城市建设艺术》一书中，将传统城市的建设过程和模式与现代城市作了较多的比较，通过大量实例分析，强调了在城市建设中创建艺术原则的重要性。明确地指出：缺乏艺术价值的城市规划"可能会使得城市居民感到满意，但不可能使人们产生对自己的城市的自豪感和忠诚感……上述考虑应使得我们的计算和数学时代认识到充满艺术性的城市布局的重要价值。"[1] 同时还分析了在现代城市更新中艺术构建与当代社会所存在的主要矛盾：现代街区往往产生与艺术原则完全相反的效果，"当艺术要求凹入时，而最大限度利用土地则要求凸出，这时矛盾可能表现得最为鲜明。"因此，"应根据既经济又能满足艺术布局要求的原则寻求两个极端的调和。"[2] 西特的城市艺术理论现在看来或许有不尽善之处，当前的城市比起早期的工业城市亦更为复杂和多元。然而，在区域建设中强调艺术原则仍然是城市更新中不可忽视的首要环节，在目前城市中这一意义则表现得更为重要和突出（图100）。正如前文所述的城市形象艺术观点一样，在城市建设中关注艺术品质的提升，将会成为新阶段解决城市形象混乱、避免僵化的区域划分以及建立良好视觉秩序的重要手段之一。

图 100
古典城市依照美学原则建立的城市形象
(Cameron. Above Paris. Cameron and Company)

　　那么，在现代城市中城市形象的艺术化建设其意义何在呢？或许有人会问，强调城市形象的艺术建构是否会又一次重蹈形式主义的覆辙呢？首先我们要认识到，城市形象的艺术建构并非形式上的简单追求，而更重要的则体现为以人为本的空间艺术感受的营造，它以提升城市艺术品质作为区域更新的基本出发点，强调观察者的感受和体验过程；其次，城市形象的各元素是人们体察未知城市的主要参照物，城市的公共空间更是居民无法回避的日常活动场所，尽可能丰富的、错落有致的艺术空间展现，必将有利于改善城市的整体形象特征，创建更为适宜人类居住、生活和工作的城市环境（图101）。对于城市的设计，依照《不列颠百科全书》中所给予的定义可将其概括为"对城市环境形态所作的各种合理处理和艺术安排"[3]。在这里，建造科学合理的城市空间环境与具有整体艺术风貌同样重要，功能与形象的兼顾往往是城市形象设计成败的关键。将城市的艺术建构作为合理规划的补充，在这个倡导以科学为主导的年代里，于设计之初便应该给予足够的重视，使其与强调城市的功能性原则共同成为构建城市和谐形态的重要手段。

依据林奇的观点，无论面对怎样的城市课题，在设计中唯一可信赖的并不是科学数据，而是你的眼睛，同时指出，城市研究依然是一种艺术行为，而不是由各部分组合而成的科学。[4]城市建设艺术应作为现代城市形象建构中的一项重要课题加以研究。此外，在城市艺术性的建设过程中，还需要强调城市中各元素细部建设的必要性。正如西特所言，"同时还必须不断地注意细部，以防止一个有良好开端的布局最终形成一个不好的结果。"[5]细部特征是展现城市形象整体艺术风貌的重要因素，有时由于形象元素的细节未能处理好往往导致观察者对于整个设计方案产生质疑。芦原义信曾经在论及外部空间的细部设计时指出，在外部空间的处理时为完善细部形象的视觉及感受效果，

图 101
依照经典建筑的比例和尺度进行的新的设计构想（Palazzo Uffizi）
(Yoshinobu Ashihara. The Aesthetic Townscape. Massachusetts Institute of Technology, 1983:52~53)

要尽量使地面边缘部分的材质采用更为细致和人工化的材料，以区别于内部大面积的较为粗犷的质地，正是通过这些边缘细节的精致化，利用与粗糙材质的对比更显示出设计的精炼与考究。一个在城市形象建设上较为成功的城市，其外部元素的细节处理均能反映出一定的艺术化手段、甚至绝妙的创意。

综上所述，城市在继承传统的同时要在新形势下展开全面建设，这不仅要求城市设计者能够具备科学的态度和系统的专业技术知识，必要的恰恰是经常被忽视的，是对于城市美学和艺术原则的广泛关注。城市所呈现出最直接的外部形象特征的魅力与艺术原则息息相关，因此城市形象建设不仅仅是简单的技术更新，也应该为其创造出特定的艺术品质，它总是代表着一定历史时期某个民族的艺术审美取向（图102）。只有取得城市建设艺术和合理功能布局的统筹兼顾与协调发展，才能更好地完成现代城市形象体系的更新改造任务。

图 102
新的建筑艺术风格丰富了传统的城市形象
（王豪　摄）

注释：

[1]（奥）卡米诺·西特：《城市建设艺术：遵循艺术原则进行城市建设》，仲德崑译，第 95页，东南大学出版社，1990。

[2] 同 [1]，第96页。

[3] 引自《简明不列颠百科全书》，第273页。

[4]（美）凯文·林奇、加里·海克：《总体设计》，黄富厢等译，第381、382页，中国建筑工业出版社，1999。

[5] 同 [1]，第95页。

第八章
未来城市形象设计展望
—— 三个案例设计的启示

如果我们的目的是建造城市，供
众多背景千差万别的人们享用，
而且要适应将来的发展需求，那
么明智的做法就是着重于意象的
物质清晰性，允许意蕴能够自由
发展。

——凯文·林奇

一、城市形象的多元建构

　　未来城市具有太多的不确定性和不可预知性，我们无法为未来的城市演进设定一条明确的发展路线。只能是立足于当今社会的发展现状，寻找解决问题的方法，并谋求为未来的城市发展铺平道路。在城市不断遇到的复杂问题中，我们逐渐认清，多学科结合将会对未来城市的研究工作起到重要的作用。随着全球经济的发展，原先小规模的城市不断地向"巨型城市"演进，其规模不断扩大，人口已接近城市所能承受的极限。此外，信息时代的到来也使得原有城市格局和邻里模式经历着重要的变革。西班牙学者卡斯特曾将现代城市命名为"流动空间"，并指出，"未来的主导趋势是迈向网络化的、无历史的流动空间，它意欲将其逻辑强加在分散的、片段化的场所里，让这些地方之间的关联逐渐丧失，越来越无法分享文化规则。"[1] 当前，城市的更新速度已无法和传统城市依靠自然生长的状态相比较，我们必须为其制定出明确的发展计划和改造目标。在传统城市的发展演变中，主要依赖漫长的城市的自身变化，呈现出丰富多样的特征，它们往往历经了漫长的建设过程才形成城市鲜明的特色，在长期的发展演进过程中，城市更新在小规模的局部区域有机地展开，并力求与原有环境相协调。只有经过这样极为审慎、细致、循序渐进的改造过程，才能构成古典城市独特的魅力。然而，现代城市更新过程则截然不同，要在短时期内建立现代城市的形象体系，并符合城市功能的需求，体现出多样性活力，确非易事。城市在经历过盲目的建设过程中所形成的诸多现实问题，也很难完全摆脱。因此，现代城市形象研究面临着众多的问题和挑战，日益恶化的城市环境也将会为城市形象的塑造带来巨大的困难，而且除了单纯的表象问题之外更有内在矛盾根源值得更加深入地去研究。

　　依据上述内容可以看出，城市形象的研究必然要与其他学科紧密结合，不断总结和验证形象改造的缺失，为进一步的研究工作奠定基础。以作者完成的北京奥林匹克公园之民族大道的标志性雕塑方案设计为例，从城市形象更新的角度，对城市环境中雕塑作品的概念作了新的阐释（图103～图105）。位于北四环路南侧的民族大道是奥运景观规划的主要组成部分之一，也是北京城传统中轴线的延伸，它由南至北将原有的熊猫环岛和奥林匹克公园串联起来，形成集步行、休闲与行车观览于一体的重要城市节点。在这一南北长近1公里、东西宽约70米的狭长空间中，单体标志性雕塑的设置显然已经不能满足如此庞大开放空间的需求，应由内容更为宽泛、与空间结合紧密的公共艺术作品取而代之，使步行观览者以及驱车经过的驾驶者均能留下深刻的视觉意象。基于这一主题，作者经过反复推敲和尝试，最终决定以象征五十六个民族的彩色图腾柱来充实整个空间，色彩靓丽且造型简洁的柱式结构，在南北走向的民族大道空间中序列展开，形成时而靠拢、时而分散的不同围合空间，这一创意理念一改传统的城市雕塑模式，以具有某种建筑特征以及超强纪念性的抽象表现形式来丰富所处狭长空间的单调与乏味。变化多样的色彩也成为点缀奥运景观环境的一道闪亮的风景线，五十六根图腾柱的色彩取自各民族不同的传统服饰图样，每根立柱由上至下运用抽象概括的手段组成了一整套民族特色装饰，其颜色组合的多样性特征也表达了中华民族极为丰富的人文景观。

　　如何既能满足步行参观者的视觉要求，又能适应驾车快速经过时人们对事物的感知

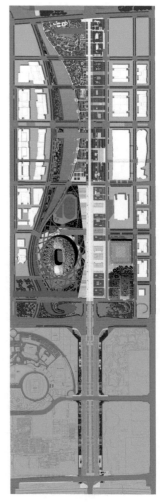

图 103
北京奥运公园与民族大道的平面布局

图 104
民族图腾柱的透视效果

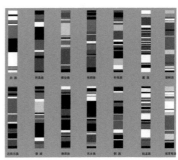

图 105
依照不同民族服饰色彩设计的柱式

方式，也是解决民族大道雕塑设计一个主要难点。造型简洁的柱式组合并配以鲜亮的色彩，其优点也正是在于，不仅可以对步行穿越其间的观览者通过排列组合上的转换产生视觉体验的变化，而且更为重要的会给快速经过的人群产生较强的感知印象。为完善近距离观察时艺术作品的可读性，在立柱的基座处以不同民族文字和图形加以装饰，试想来自不同民族的参观者若能在此汇聚，通过抽象色彩的联想和自身民族符号或文字的找寻，不但能激发源自内心的民族自豪感，也的确是一件有趣的事情。在这里，将城市雕塑概念所进行的拓展，使得城市空间中的艺术作品逐渐转向与所处环境特征相结合，不断增强其公共性和参与性，积极面向城市形象未来的发展。此外，怎样能运用现代科技手段和环保技术，借助太阳能等新型能源，促进城市环境的可持续发展，也一直是设计中考虑的重要因素，通过更进一步的研究和与专业人士相配合，结合多门类的知识，变单体雕塑作品展示为不断适应城市发展的公共艺术空间。

由此可见，我们在城市更新中要认识到，城市是在不断变化和发展的，城市形象也随之产生丰富的变化。在城市形象研究中必然要结合更多的科技手段和人类在改造过程中自身形成的建设经验，展开对城市形象设计的多学科思考。

注释：

[1]（西）曼纽尔·卡斯特：《流动空间》，王志弘译，第86页，《国外城市规划》，2006.5。

二、设计引导城市

城市是一个极为复杂的综合体，在其中不同人群能否和谐地生活在一起，是体现城市文明程度的重要标志。此种生活秩序的营造，除了要依靠舒适安全的城市环境之外，形象设计所能带来的某种便利性和秩序性也对规范人类行为起到了重要的引导作用。良好的城市形象体系给外部观察者所产生的直观感受也传达着特定的精神内涵，反映了本民族的认同感和自豪感。城市形象设计的主要任务应当是通过组织或建构城市生活的物质环境，来塑造城市的意义，并透过这种形象与意义的表现，展现出城市中丰富的人文生活和形象特色。

城市形象设计的目的在于通过外部可感知形象元素的协调处理不断提高人们的生活品质和艺术感受。"设计师塑造形态的目的在于使之成为一个合意的伙伴，在感觉的相互作用中帮助感知者形成连贯的、有意义的、动人的意象。"[1] 一些不成功的案例表明，城市中混乱局面的出现不应仅归咎于使用者的无知与滥用，设计上的考虑不周以及与实际情况相脱节仍然负有不可推卸的责任。因此，要认清设计在城市生活中的重要性，不断地以具有良好艺术特质和形象特色的区域更新与建设，引导居民的生活秩序和培养他们的审美鉴赏力。除此之外，仍然要关注城市的表象形式与生活内容的结合，使形象改造与居民的实际需求相联系，丰富城市多样化的生活环境。正如雅各布斯所言，"事物的表象和其运作的方式是紧密缠绕在一起的，这种现象没有地方比城市表现得更为突出。"[2]

都市中某些重要标志物的设计往往反映了一个城市的文化与审美追求，通过一种设计手段和形象表现的引导，从某种程度上能够提升城市环境的视觉品质。将作者设计的江苏盐城海盐博物馆建筑及景观方案作为第二个案例加以分析，它的创作过程或许会为现代城市形象塑造带来某些启发或提示（图106～图109）。江苏盐城是

图 106
海盐博物馆夜景效果

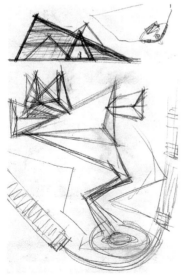

图 107
构思草图

图 108/ 图 109
海盐博物馆透视效果表现

地处黄海边的临海城市，凭借自然地理环境以及气候之优势，成为中国早期主要的海盐加工基地之一，所生产的大量海盐经由水路运往扬州进行集散并转销至国内其他重要城市。作为古典时期重要的产盐基地，盐城有着悠久的制盐历史，海盐文化便成为其城市文脉发展的主要根基。为其所创作的海盐博物馆便是力求通过建筑空间的设计以及展示环境的营造，传承盐城的历史文化，积极面向当代社会的发展建立新的城市地标。位于老城主要运输河道之上的海盐博物馆基地，从它所处的环境来看，也必将成为旧城区中典型的形象标志物，展现着历史文脉与现代文明的交融。

如何来体现盐城悠久的制盐文化？如何利用艺术化的手段塑造城市未来的精神坐标？作者在对盐城文化的阅读中，逐渐形成了最初的创意构思，利用抽象的建筑形式来表现宏大的制盐场景，成为设计的主题。利用得天独厚的现状条件，将河道之水引入现有基地中，浮于水面上的建筑物由多个三角形几何体相互堆砌而成，建筑的材质肌理与抽象造型相配合，犹如盐滩上堆起的一座座盐岭，取自"盐岭积雪"之喻意。内部两层的展示空间将古代制盐过程依照其内在的操作程序进行陈列和演示，玻璃体的共享空间又为博物馆提供了休闲展卖和人流汇聚的场所。通过此案例可以看出，标志性建筑的设计成败也关系到城市形象体系的建设，正是这一基于城市历史文脉的创造，才能使标志性建筑的设计更加有利于城市地域性形象的打造，它的唯一性和特殊性，也将为未来城市的发展提供形象参考，形成城市独具文化特质的视觉感受。

在此，依据上述案例的创作程序，我们对未来的城市形象设计进行一个大胆的预测，试图通过设计过程的更新，不断地引导城市建设朝向良性的方向发展。在传统城市课题的设计中，往往延续着"由整体到局部"（即由整体区域出发再过渡到局部设计）的原则，在对大的地块分区进行过统筹安排之后，才逐渐地开始研究细部的建设方案。然而，城市形象的改造总是以局部面貌的更新和改良为基础，它与城市细部特征的建设密切相关，人们在感受城市环境时也基本上是以城市形象元素的体验为主要参照物，而并非从宏观的角度来对城市进行理解和把握。从城市平面和鸟瞰图的角度来对功能分区和区块划分展开研究和讨论，这只能吸引专业人士的关注，而对于大多数的到访者而言，从人的视角和活动路线来对未知城市进行更为直观的知觉体验则更有意义。城市形象更新的成功与否往往从更大程度上取决于局部区域的创新和建设程度。因此，面对城市形象设计的课题，有必要提出更为符合现实状况的设计方法和设计过程，适应不断变化的城市环境，满足未来形象建设的需求。为此我们可以尝试运用"局部–整体–局部"（即由局部创意入手再到整体上宏观把握，最后在局部建设中进行调整和完善）的方法来改良现有的设计程序。首先，从局部入手并建立在充分的策划预研基础之上，展开对基地中未来重要建设节点的创意构思和设计定位，以此为线索从视觉形象和功能策划上提出创意原则和构思理念；其次，转换到整个区域乃至城市的角度对现有环境和构思进行功能整合和文化整合，提出基地的总体设计准则和建设规范，为进一步的设计和建设提供控制和参考依据；最后，依照局部节点的功能策划和形象参考以及整体的文化和功能定位再进行具体化方案的设计和实施。在此过程中，贯穿始终的设计监督和指导是完成城市形象体系建设的重要保障。

我们要认识到，城市形象设计是一项具有重要历史使命且艰巨的工作，只有在不断地反复实验与总结中，才能取得令人满意的建设成果。上述的过程可以被视为城市形象建设的设计方法，以此为指导便可以在复杂的城市环境中建立起既丰富又统一的外部形象特征，并以更好地引导城市中人们的生活为最终目标。

注释：

[1]（美）凯文·林奇、加里·海克：《总体设计》，黄富厢等译，第159页，中国建筑工业出版社，1999。

[2]（加）简·雅各布斯：《美国大城市的死与生》，金衡山译，第13页，译林出版社，2005。

三、传承与创新

  城市是历史的产物，现代城市所进行的更新和改造又将成为未来城市建设的历史，正是在这种不间断的历史演进中，我们着眼于现在并创造着未来。如前文所述，不同城市总有与其相适应的历史脉络，要在充分挖掘的基础上传承城市所固有的人文特征。当前，对于历史遗迹的保护和修缮已经受到了来自社会各界的广泛关注，针对人类遗留的文化遗产不论大小全面拯救之声此起彼伏。以此为契机全社会展开了一场保护古建筑和古文化遗产的运动，然而，保留和维护这些历史遗迹固然重要，但如何对其进行更进一步的更新和发展，拓展出新的使用功能以适应现代社会的需求则显得愈发迫切和难以协调。对于这一问题的解答往往令设计者和城市决策者们举棋不定，这也与现代功能与传统文脉结合地较好的案例不多有着直接的联系，是完全修复原貌，还是彻底改造，抑或是局部更新？现在人们普遍认为，对于历史遗迹的改造应避免大规模的拆建，保留传统街巷与肌理比起完全拆除更具有深远的意义。此外，我们仍然还要继续关注比起历史遗迹更为广阔的现代城市部分，它们代表着现代文明的发展轨迹。怎样使它们取得与传统文脉的联系，从历史演进的角度更好地展现出城市发展的脉络，则是城市更新和建设中更为棘手的问题。

  面对城市中新与旧的矛盾以及传统与现代的交融，将传承与创新相结合必将成为未来城市更新的主要手段。传承是创新的基础，而只有不断寻求创新才能更好地传承历史。在城市形象的建设中要认识到"风格不仅是延续，更要创造。"[1]一切具有典型形象风格的建立都离不开设计者的创造性思维和开拓进取的精神。不恪守于陈规戒律，不迷信于宗教权威，而是在反复试验和创新中寻找更加适宜的解决方案。因此，不论怎样的城市课题皆要倡导设计上的创新精神，并与传统文脉相结合缔造面向未来的城市环境。

　　以传承和创新作为城市改造的重要手段，伦敦泰特现代美术馆的设计案例
给我们提供了很好的借鉴（图110～图113）。位于圣·保罗大教堂对岸的泰特
现代美术馆已经成为世界上最大的展示现代艺术的博物馆，它与大教堂一起构
成了泰晤士河沿岸的一道新的风景线。泰特现代美术馆通过对原有发电厂的改
造和再利用，成功地将现代艺术与后工业化的城市遗存完美地结合起来，使已
经被居民逐渐淡忘的厂房区域获得了新生。在对发电厂的改造中，建筑师赫尔
佐格和德·梅隆始终贯彻整体保护和局部更新的原则，将这一砖结构、并沿泰
晤士河东西走向的巨大建筑体块完整地保留了下来，仅对室外灯光和局部装饰
做了谨慎的改造。于2000年建成的现代美术馆，99米高的巨大烟囱与近乎完全
封闭的砖质外墙再现了工业城市时期的辉煌，而现代的灯光和玻璃体又将时空
拉回到了现代环境之中。在室内的重建中，除了利用原有空间进行了配套功能
改造之外，仍然保留了南部整块的厂房空间。利用原有涡轮车间改造的这一

图110
泰特现代美术馆
（王豪　摄）

图111
泰特现代美术馆区域夜景

图 112
沟通大教堂极具现代感的钢索桥
（王豪　摄）

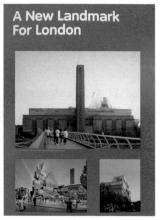

图 113
新加建部分将成为伦敦新的城市地标
建筑

152米×24米×30米巨大尺度的展示空间成为了现代艺术家施展才华的舞台，一些大尺度的雕塑作品和装置艺术作品也能够借此超大空间得以实现。现代美术馆的成功不仅带来了专业人士的广泛认可和经济上的巨大利益，而且自美术馆建成伊始，为周边地区的居民也提供了多达2000个就业岗位，对城市中局部区域的复兴贡献颇丰。此外，除了建筑在保护基础上的自身改造之外，沟通大教堂与美术馆之间的极具现代感的钢架结构步行桥横亘于泰晤士河上（由建筑师诺曼·福斯特与雕塑家安东尼·卡罗合作完成），也成为了一个新的城市地标。自此，以现代桥梁为媒介，泰特现代美术馆与代表着古典建筑风格的大教堂建立了空间上和视觉上的沟通，对城市文脉的传承起到了积极的促进作用。于2012年建设完成的泰特现代美术馆的扩建部分，仍然由赫尔佐格和德·梅隆设计，在原有建筑的外部区域则更加突出了未来建筑的风格，以玻璃构筑体的穿插组合形成了全新的城市形象风貌。由此可见，从较大的区域视角，沿着圣保罗大教堂的南北主轴上架构起了一条穿越时空脉络的发展轴线：象征传统风格的圣保罗大教堂、代表工业化时期厂房建筑的现代美术馆，以及未来的玻璃体建筑，这三者由北到南完美地展现了城市形象的传承与创新。

　　上面的例子可以说明，只有在传承的基础上不断寻求新的创新才能取得城市文脉的不断发展。吉伯德曾经指出，"一切伟大的设计者都有一种传统的意识，一种'不只是为了过去而过去，而是为了现在而尊重过去'的历史意识。"[2] 正是在对传统文脉的继承和演进中，城市形象才能取得新的拓展，更好地适应未来城市的演变。在创造新形式的同时，还需要做出极为慎重的思考和研究工作，如同林奇所言，"创造一种新的形式，全面考虑细部、意图、生产方法，使之适合行为的需要等，这是一件耗费时日的事，需要经过反复试验才能证实它的实用性并琢磨改进它的细部。"[3] 如何取得与现有条件的融合并且体现出现代城市风貌？如何兼顾历史文脉的传承与发展？这些仍然有赖于设计者的不懈努力和执着追求。

在未来城市形象设计中，面临复杂的城市环境，若不能思考出妥善的解决方案，更为审慎的办法则是，"不再拆除整片地区的建筑，而是当空地一出现就在旧建筑组织结构中插入新建筑，这样就赋予一种有机的复苏，加强而不破坏社区体制、心理和人际联系。"[4]

注释：

[1] 潘公凯：《中央美术学院建筑与城市文化研究博士班研讨会议纪要》，2006.7。

[2]（英）F·吉伯德：《市镇设计》，程里尧译，第9页，中国建筑工业出版社，1983。

[3]（美）凯文·林奇，加里·海克：《总体设计》，黄富厢等译，第136页，中国建筑工业出版社，1999。

[4]（美）培根：《城市设计》，黄富厢，朱琪译，第263页，中国建筑工业出版社，2003。

后记

　　本人在中央美术学院研习和探寻建筑设计的十多年间，对艺术及城市产生了浓厚的兴趣。在中央美术学院建筑与城市文化研究博士班的数次关于城市问题的讨论中，逐渐对新形势下的城市建设有了新的认识。如何发挥艺术类院校的特色，从视觉形象和艺术的角度介入到城市空间，如何在城市发展中体现中国传统文化的精华，传承城市的历史文脉，并且在充分展现其魅力和活力的基础上，不失掉城市的现代性特征。这也是在本书中主要思考的问题。

　　本书的出版得到北京青年政治学院学术著作出版基金的资助，感谢中国建筑工业出版社编辑杨晓、孙硕。今天，从某种意义上来说，对于城市形象建构的研究，在我国高速大规模的建设进程中显得尤为重要和突出。通过深入的研究工作为未来城市建设提出参考性及建设性意见，也是本书期待能完成的一项重要任务。

王 豪

2019年3月